一、品种

图1　甬甜5号

图2　丰蜜29

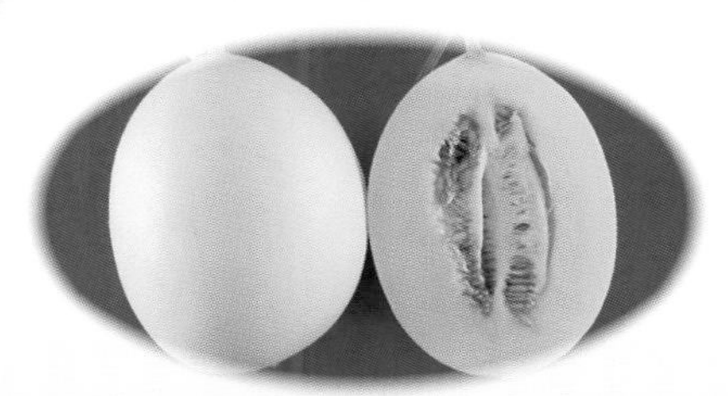

图3　沃尔多

图4　黄子金玉

图5　甬甜8号

图6　甬甜22

图7　早佳8424

图8　蜜　童

图9　拿比特

图10　小　兰

图11　甬蜜2号

图12　甬蜜3号

二、栽培技术

图13　工厂化嫁接育苗

图14　西瓜嫁接优势

在连作地块西瓜未采用嫁接栽培枯萎病发生率达90%以上。

图15　甜瓜嫁接优势

甜瓜采用嫁接栽培技术能够延缓黄化褪绿病毒病发生15天左右。

图16　西瓜长季节栽培

图17　甜瓜长季节栽培

图18　西甜瓜水肥一体化技术

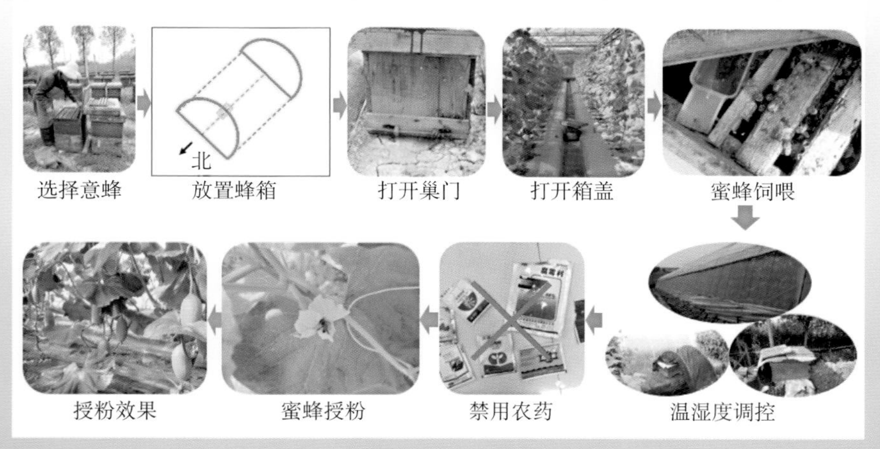

图19　蜜蜂为甜瓜授粉技术流程

图20　蜜蜂为西瓜授粉

图21　蜜蜂为甜瓜授粉后的效果

图22　外源激素辅助甜瓜轻整枝技术
宇花灵2号能够缩短甜瓜节间长度。

图23　外源激素辅助西瓜轻整枝技术
宇花灵2号能够延缓西瓜生长速度。

图24　大棚甜瓜—草莓套种模式

图25　大棚草莓—丝瓜—甜瓜栽培模式

图26　西瓜网架栽培

三、常见病虫害

图27　甜瓜枯萎病

图28　甜瓜黄化褪绿病毒病

图29　西瓜黄瓜绿斑驳花叶病毒病

图30　甜瓜果斑病

图31　西瓜根结线虫病

图32　甜瓜烟粉虱

南方设施西瓜、甜瓜

轻简化生产技术

NANFANG SHESHI XIGUA TIANGUA
QINGJIANHUA SHENGCHAN JISHU

黄芸萍　张华峰　马二磊　主编

中国农业出版社

内容简介

本书结合浙江省及邻近地区的设施西瓜、甜瓜生产的实际情况，以南方设施西瓜、甜瓜轻简化栽培为主要内容，介绍了西瓜、甜瓜育苗、耕作、肥水管理、农艺管理、授粉、采收等各个关键环节，涵盖育苗集约化、耕作机械化、授粉蜜蜂化、肥水一体化、农艺管理简约化的西瓜、甜瓜轻简化栽培关键技术体系和高效栽培模式。本书通俗易懂，可操作性强，适合生产、管理、科研、推广人员和相关专业师生阅读参考。

编 写 人 员

主　　编：黄芸萍　张华峰　马二磊

副 主 编：王毓洪　严蕾艳　李林章

参编人员（以姓氏笔画为序）：

丁　桔　丁伟红　王玉猛

王迎儿　古斌权　邢乃林

朱　勇　杨瑜斌　吴　平

应泉盛　宋　慧　张蕾琛

林　照　金伟兴　徐　丹

郭焕茹　蒋笑丽　臧全宇

前　言

近年来，随着我国社会生产力的发展和农业产业结构的调整升级，农村劳动力大量转移，人工成本越来越高，劳动力短缺和劳动生产成本增加问题日趋凸显。“谁来种地”“怎么种地”，成为亟待解决的问题。而西瓜、甜瓜设施栽培属于劳动密集型产业，用工多，技术要求较高；且我国南方地区耕地面积有限，西瓜、甜瓜生产多采用8米宽的简易钢管大棚，生产机械化水平低，设施内高温、高湿、寡照的气候对西瓜、甜瓜生产带来了极大挑战。为了提高工效，节省劳力，降低成本，提升品质，推广应用西瓜、甜瓜轻简化生产技术势在必行。

在新形势下，引进省时、省力、高产、高效、适合南方地区设施西瓜、甜瓜生产的农业新技术、新设备，研究和发展设施西瓜、甜瓜轻简化栽培技术，成为大势所趋。“轻简化”里的“轻”，就是用机械代替人工，减轻劳动强度；“简”，就是减少作业环节和次数、简化管理；“化”，就是农机化与农艺的有机融合，促进作物生产可持续发展。南方设施西瓜、甜瓜轻简化栽培主要从西瓜、甜瓜育苗、耕作、肥水管理、农艺管理、授粉、采收等各个环节开展系统攻关和技术集成，形成涵盖育苗集约化、耕作机械化、授粉蜜蜂化、肥水一体化、农艺管理简约化的西瓜、甜瓜轻简化栽培关键技术体系。

本书以浙江省及邻近地区的设施西瓜、甜瓜轻简化生产技术为主要内容，又尽可能兼顾到气候、地理环境、生产方式接近的南方地区的生产实际。本书注重理论联系实际，在分析我国西瓜、甜瓜产业现状的基础上，介绍了一些与西瓜、甜瓜生产有着紧密联系的生物学特性等基础知识。但更多的是围绕如何省工、省力、提质、增效，着重介绍适合南方设施西瓜、甜瓜栽培的轻简化栽培技术，如嫁接育苗技术、长季节栽培技术、水肥一体化技术、蜜蜂授粉技术、轻整枝栽培技术、种子处理技术、土壤处理技术、虫害物理防控技术，适合西瓜、甜瓜轻简化栽培的小型农业机械等。

本书受宁波市科学技术协会科普图书项目资助，由宁波市农业科学研究院蔬菜研究所高级农艺师黄芸萍等编写。本书编写团队长期从事西瓜、甜瓜研究工作，实践经验丰富。为完善本书的内容，在编写过程中，我们参考了吴敬学研究员的《“十三五”时期中国西甜瓜产业形势分析》、农业部印发的《全国西瓜甜瓜产业发展规划（2015—2020年）》〔农办农（2015）5号〕、国家西甜瓜产业技术体系的历年研究成果等，借鉴了国内有关西瓜、甜瓜、农机、植保等科研单位、科技人员的科研成果，引用了大量的文献资料，在此对原作者以及为本书编写提供帮助的朋友们一并致谢。

由于时间匆促及编写水平有限，而本书所述内容较广、技术措施多样，书中如有不当或错误之处，敬请同行与广大读者予以批评指正。

编　者

2017年8月

目 录

前言

第一章　概述 …… 1

第一节　西瓜、甜瓜生产现状 …… 1
第二节　西瓜、甜瓜生产中存在的问题 …… 2
第三节　西瓜、甜瓜产业发展展望 …… 4

第二章　西瓜轻简化生产技术 …… 6

第一节　生物学特性 …… 6
第二节　品种选择 …… 13
第三节　西瓜轻简化栽培技术 …… 17

第三章　甜瓜轻简化生产技术 …… 46

第一节　生物学特性 …… 46
第二节　品种选择 …… 57
第三节　甜瓜轻简化栽培技术 …… 64

第四章　病虫害综合防控技术 …… 93

第一节　种子处理技术 …… 93
第二节　土壤处理技术 …… 97
第三节　虫害物理防控技术 …… 100

第五章　适合轻简化栽培的农业机械 …………………… 104

第一节　概述 ………………………………………… 104
第二节　微耕机 ……………………………………… 105
第三节　水肥一体机 ………………………………… 107
第四节　覆膜机 ……………………………………… 110
第五节　挖沟机 ……………………………………… 112
第六节　电动卷膜机 ………………………………… 114
第七节　弥雾机 ……………………………………… 118
第八节　嫁接机 ……………………………………… 119
第九节　移栽机 ……………………………………… 121
第十节　秸秆粉碎机 ………………………………… 122

第一章　概　述

第一节　西瓜、甜瓜生产现状

中国西瓜、甜瓜栽培历史悠久，是世界上最大的西瓜、甜瓜生产国和消费国。近10年来，中国的西瓜产量始终占世界总产量的60%以上，甜瓜产量约占世界总产量的50%。根据《2015中国农业统计资料》公布的数字，2015年全国西瓜播种面积186.07万公顷，总产量7 714.0万吨；全国甜瓜播种面积46.09万公顷，总产量1 527.1万吨。由于种植效益的提高，农民种瓜意愿不断增强，近年来，西瓜、甜瓜的播种面积、总产量继续保持增长。尤其是随着种植结构的调整，近年来，全国甜瓜种植面积保持较为明显的增长态势，如浙江省基本保持在10%以上的增速。中国也是世界上最大的西瓜、甜瓜消费国，据国家统计局数据，2012年，我国西瓜、甜瓜总产值已达2 774亿元，西瓜作为我国重要的鲜食水果，其消费量占全国6～8月夏季上市水果的60%左右，人均消费量约50千克，是世界西瓜人均消费量的3倍多，西瓜、甜瓜产业的发展对改善我国居民膳食结构发挥了重要的作用。长期以来，我国西瓜、甜瓜产业保持着较为稳定的发展趋势，主要呈现以下几个特点：

1. 生产面积基本稳定，产量平稳略增。“十二五”期间，我国西瓜、甜瓜种植面积基本保持稳定，其中西瓜播种面积一直保持在180万公顷以上；甜瓜播种面积有所提高，由39.74公顷逐年增加至46.09万公顷。西瓜、甜瓜产量稳中略升，单产分别保持在每公顷40.41吨和33.62吨的水平上。

2. 受生产周期、气候变化和消费季节性的影响，西瓜、甜瓜价格基本呈现两头高、中间低的季节性波动特征，以及主产区低于非主产区、中等城市低于大城市、中西部地区低于东部地区的地区差异化特征。

3. 生产格局不断优化，西瓜、甜瓜生产逐步向区域化、规模化、优势化发展。西瓜生产以华东和中南地区为主，2012年，这两大产区分别占全国西瓜总播种面积与产量的34.4%和35.5%、34.8%和35.3%；甜瓜生产呈华东、中南、西北三足鼎立的格局，分别占全国甜瓜总播种面积与产量的26.9%、28.1%、24.1%和22.2%、20.3%、22.9%。

4. 受到农产品价格“天花板”压顶和生产成本“地板”抬升的双重制约，西瓜、甜瓜生产比较效益下降趋势凸显。倒逼西瓜、甜瓜栽培方式向简约化、集约化方向发展，通过压缩生产管理成本来提高种植效益。尤其在南方地区，西瓜、甜瓜生产受制于小型化生产设施的限制和精耕细作种植习惯的影响，生产机械化水平低下，劳动密集型程度高，面临急迫的转型升级需求。

第二节 西瓜、甜瓜生产中存在的问题

一、新品种、新技术普及速度慢，科技成果转化不够充分

瓜农对新事物接受过程长，传统栽培方式短时间内难以改变，新品种、新技术推广普及速度慢，科技成果转化不够充分。以浙江省为例，据不完全统计，全省西瓜、甜瓜新品种、新技术投放量每年35个（项）左右，在地方实际应用不足5个（项）。瓜农的生产技术水平仅凭多年生产经验积累，标准化生产水平较低；部分地区品种结构单一，更新滞后，销售优势逐渐散失，满足不了市场需求，一些抗病品种得不到应用，造成农药大量使

用，生产资料成本提高；新技术使用推广慢，轻简化栽培等新技术得不到快速地推广应用，造成劳动力成本居高不下。种植品种、方式和技术的相近，在相同气候条件下，不可避免地造成上市时间集中，引发短时间内产品相对过剩，生产者和消费者利益遭受极大损失。

二、生产成本飞速增加，比较效益下滑趋势凸显

西瓜、甜瓜生产成本主要包括土地租金、劳动力成本和生产资料成本。据不完全统计，土地租金在2014—2016年增长了20%～30%，部分地区出现50%以上的增幅，如浙江台州温岭沿海优良地块租地成本平均1 700元/亩*，一些连片优良地块基本在2 300～2 500元/亩，土地成本日益增加。劳动力成本从2014年平均日工资120元上涨到2016年平均日工资200元，如山东昌乐的忙季雇工工价，2016年最高达到了380元/工。一些规模化合作社每年雇工费用在十几万元到几十万元以上，劳动力成本占生产成本的比重日益增加，各地西瓜、甜瓜生产中人工成本基本占总成本的1/2左右。近年来，化肥、农药、农膜等生产资料价格和农产品运输成本也呈上涨态势，西瓜、甜瓜生产正进入一个高成本时代，产业比较效益下滑态势不断凸显。据不完全统计，2016年浙江省西瓜、甜瓜总生产成本已增加到每亩4 500元，瓜农生产意愿逐年下降，出现大量转产现象。

三、极端天气和病虫害影响更加加重，抵御风险能力严重不足

近年来，我国极端天气事件发生概率增加，如南方地区典型的早春低温阴雨寡照、夏季持续高温干旱、夏秋台风暴雨多发等天气。大部分瓜农抵御灾害性天气的能力差，没有相应的防灾、

* 亩为非法定计量单位。1亩=1/15公顷。

抗灾、减灾设施设备，一旦遭受灾害性天气，往往造成减产乃至绝收，经济损失严重。加之烟粉虱、黄瓜绿斑驳花叶病毒病、黄化褪绿病毒病等新发性病虫害大暴发，对西瓜、甜瓜生产构成严重威胁。

第三节　西瓜、甜瓜产业发展展望

受制于价格“天花板”和成本“地板”的两头挤压、生态资源“红线”和农业政策“黄线”的双重约束，我国西瓜、甜瓜产业的发展正面临新的形势、新的挑战和新的任务。必须着力构建现代农业产业体系、生产体系和经营体系，提高土地产出率、劳动生产率和资源利用率，围绕产出高效、产品安全、资源节约和环境友好的绿色发展道路，以农业供给侧结构性改革为主要指导方向。未来我国西瓜、甜瓜产业必须走规模化节本提质增效技术途径，将轻简化高效生产集成技术运用到实际生产当中。

我国的南方地区是指淮河、长江流域以南地区，包括上海、江苏、浙江、安徽、湖北、湖南、四川、重庆、江西、福建、广东、广西、云南、海南、台湾等地。根据气候类型和种植区域的不同，可以分为三大种植区域：①长江中下游梅雨区，包括上海、江苏、浙江、安徽、江西、湖北、湖南等地。②华南热带多作区，包括广东、广西、福建、海南、台湾。③西南热带湿润区，包括四川、云南、贵州三省。

本书所指的南方地区重点指长江中下游梅雨区。该地区地处亚热带，冬天多阴雨寡照，夏天较炎热湿润，雨量充沛，无霜期长。气候、地理及经济发展的特点主要表现为：①光热资源丰富，保温增温措施比北方容易。②雨多、雾多、相对湿度大，低温寡照持续时间长、出现次数多是南方地区种植西瓜、甜瓜的致命缺点。③夏季高温时间长，台风、暴雨频繁，冬春阴雨寡照持续时间长，灾害性天气出现次数多，栽培风险大。④多山地和丘陵，集中连片的平整土地较为缺乏，河道密集，低下水位高，西瓜、甜瓜生产多采用简易的钢管塑料棚（一般称为南方中小棚），农业机械应用难度大。⑤经济较为发达，农村城镇化率高，人口老龄化程度严重，土地、劳动力短缺的现象更为突出。因此，在南方地区发展西瓜、甜瓜产业，应根据国家西甜瓜产业技术体系“十二五”期间提出的南方中小棚西瓜、甜瓜高效、优质、简约化栽培模式的发展布局，进行技术的集成攻关与推广应用，有效遏制产业整体比较效益下降的趋势。在国家“两型农业”建设方针的指引下，南方地区应重点加强适宜南方中小棚应用的工厂化嫁接育苗技术、耕作机械化技术、水肥一体化技术、轻（免）整枝技术、蜜蜂授粉技术、病虫害绿色防控技术、新型耕作制度等西瓜、甜瓜轻简化栽培技术的研究与集成，构建和推广西瓜、甜瓜节本提质增效安全生产体系，实现节水、节肥、省工、绿色、健康、可持续发展，为新时期下我国西瓜、甜瓜产业高效发展提供一个南方样板。

第二章　西瓜轻简化生产技术

第一节　生物学特性

西瓜（*Citrullus lanatus*），植物学分类属被子植物门双子叶植物纲葫芦目葫芦科西瓜属。因果实内含有大量的水分又称为水瓜、寒瓜或夏瓜。它不仅汁多味甜，清凉可口，而且营养丰富，兼具保健功能，是人们最喜爱的水果之一。同时，西瓜栽培历史悠久，栽培地区广泛，是世界上产量居第五位的重要经济作物。由于在夏季水果市场上消费量居首位，有“夏季水果之王”之称。西瓜富含糖、多种蛋白质、矿物质和维生素，还含有番茄红素、胡萝卜素、多种有机酸、氨基酸、生物碱以及苷类、果胶，是不含脂肪和胆固醇的碱性食品。西瓜除鲜食外，还可加工成西瓜汁、西瓜酱、西瓜酒、西瓜汽水等饮品，或西瓜脯、西瓜晶、西瓜罐头、西瓜酱油等腌制品或酱制品。西瓜皮可以提取果胶，用于食品、医药、日用化工等行业。西瓜的种子可加工为瓜子，瓜子仁也可作为糕点的配料，还可加工成含有极高不饱和脂肪酸的高级食用油。西瓜的瓜瓤、瓜皮和瓜子都可入药，对治疗水肿、烫伤、肾炎以及高血压均有一定疗效。

西瓜起源于非洲，在全世界都有广泛种植。我国新疆地区西瓜大约是在唐朝初年传入，而传入我国内地大约在五代、宋辽时期。西瓜按生态型分为新疆生态型、华北生态型、东亚生态型、俄罗斯生态型、北美生态型和非洲生态型；按成熟期可分为早熟品种、中早熟品种、中晚熟品种和晚熟品种；按栽培方式可分为露地品种、保护地品种和露地保护地兼用品种；按种子的多少及有无可分为有籽西瓜、少籽西瓜和无籽西瓜；按果实大小可分为大果型西瓜、中果型西瓜和小果型西瓜；根据用途可分为食用型西瓜、籽用型西瓜和观赏型西瓜。

一、植物学特性

西瓜为一年生蔓性草本植物，植株整体由根、茎、叶、花、果实、种子组成。

（一）根

西瓜的根系是西瓜植株整个生长发育过程中吸收水分和矿物质元素的主要器官，还可合成多种氨基酸等有机物质，供植株生长发育所需。西瓜的根系为直根系，由主根、多级侧根和不定根组成，根系发达、生长旺盛、入土深广。西瓜根系的最适生长温度为25～30℃，最高38℃，最低10℃，根毛发生最低温度为13～14℃。西瓜根系好氧性强，好气，不耐涝。西瓜根系容易受伤，再生能力弱，伤后不易恢复，水淹后易形成木栓化。

（二）茎

西瓜的茎蔓可以支撑叶子，连接根、叶，起输导作用，可以储存有机物质，合成有机物质供植物生长之用。西瓜茎蔓在苗期呈直立状，节间缩短，5～6片真叶后伸蔓，并匍匐地面生长。西瓜茎蔓分枝能力强，每个叶腋都可发生新的分枝，可以分生许多侧蔓（子蔓），在侧蔓上再分生出副侧蔓（孙蔓）。只要环境条件适宜，在植株基部仍能萌发新蔓。

（三）叶

西瓜的叶片是储存和制造营养物质的器官，有子叶和真叶两种。子叶有2片，在种子中基本发育形成，呈椭圆形，其中储存着大量有机营养，为种子的发芽、出苗及幼苗发育提供物质和能量。真叶即通常所说的叶片，是植物光合作用的主要器官，也是制造营养物质的主要器官，决定着果实的产量和品质。

（四）花

西瓜的花一般为雌雄同株异花，通常为单性花，但也有部分品种为雌雄两性花。西瓜在第二片真叶展开前已开始有花原基形成，主蔓上第一雌花的着生节位随品种而不同，早熟品种在5～8节开第一朵雌花，晚熟品种多在10～13节上开第一朵雌花。西瓜的花芽分化早，在第一真叶尚未完全展开时即开始分化。苗期的温度管理影响花芽的分化，种子出土、子叶平展后白天温度控制在30℃，夜晚温度控制在25℃，最适合花芽分化。西瓜的开花时间与温度、光照密切相关。西瓜一般上午开花，下午闭花。气温高时通常在5：00～6：00花瓣松动，6：00～7：00花药散裂并花粉散开，7：00花瓣全部展开，11：00左右闭花。

（五）果实

西瓜果实为瓠果，整个果实由果皮、果肉、种子3部分组成。食用的果肉部分为肥厚的胎座。西瓜果实形态多样，大多数为圆形、椭圆形、橄榄形、圆柱形。果实的大小根据品种而异，单瓜重多为2～10千克，小者0.5～1千克，大者15～20千克。果肉色有白色、黄色、红色等多种颜色，肉质分紧肉和沙瓤。果皮的底色有浅有深，从浅黄到墨绿不等，一般为绿色，其深浅程度则因品种而异。授粉后1～4天是为幼瓜形成期，授粉后12～22天体积日增长量最大，后期主要是肉色变化和糖分转化。西瓜主蔓第一雌花果小、扁形，第三雌花果最大、圆整，但随坐果节位的提高，糖度和品质会有所下降。最佳坐果节位为主蔓第二朵雌花或子蔓第一朵雌花。夏秋西瓜结果节位应相应拖后一朵雌花，确保瓜不会太小。

（六）种子

西瓜种子由种皮和胚组成，胚由胚芽、胚轴、胚根和2片子叶组成。西瓜的种子扁平，宽卵圆形或矩形，种皮坚硬，表皮平滑或有裂纹。种皮有白色、黄色、红色、黑色、褐色等多种颜色。不同品种种子的色泽及深浅均有差异。种子千粒重也因品种的不同而差异较大，小粒种子千粒重只有20～25克，大粒种子有100～150克。西瓜种子养分主要储藏在子叶中，种胚的饱满程度和种子储藏养分的多少与其发芽和初期生长有密切的关系，种子越大，子叶越大，生活力越强，初期生长越强壮，成苗容易。

二、生长发育过程

西瓜整个生长生育周期大致可划分为发芽期、幼苗期、伸蔓期和结果期4个不同的生育时期，其生长发育具有明显的阶段性。各个生育时期和全生育期的长短因品种特性、栽培季节、温度等环境条件的不同而差异较大。早熟品种全生育期需100天左右，晚熟品种则可达120天以上。同一品种在不同季节或不同地区栽培，由于温度、光照等条件的不同，其全生育期长短也不相同。

（一）发芽期

从种子萌动到第一片真叶显露（2叶1心）为发芽期。包括胚根伸出种皮、下胚轴伸长、子叶展开、真叶显露等过程。西瓜发芽期的长短，在适宜的水分和通气条件下，主要取决于地温的高低，在地温15～20℃时，发芽期需要8～10天。

（二）幼苗期

从第一片真叶露心到5～6片真叶（即团棵）为幼苗期。团棵是幼苗期与伸蔓期的临界特征，团棵前的幼苗茎的节间短，植株呈直立状态。在20～25℃条件下需要20天左右，在15～20℃温度下约需30天。幼苗期是西瓜花芽分化期，第一片真叶显露时花芽开始分化，团棵时第三雌花的分化已基本结束，影响西瓜产量的花芽分化全部在幼苗期完成。西瓜在幼苗期完成了幼苗生长，不仅光合和吸收面积有了较大的扩展，而且生长锥和各叶腋又有叶原基和侧蔓等器官的分化。这都为植株进入新的旺盛生长时期准备了条件。

（三）伸蔓期

幼苗团棵至坐果期雌花开放为伸蔓期。植株由直立生长转为匍匐生长，地上部营养器官开始旺盛生长，节间伸长，叶面积扩大，形成侧枝；根系旺盛生长，分布体积和根量急剧增长。在20～25℃温度下，一般需要18～20天。西瓜在伸蔓期同化器官和吸收器官急剧增长，生殖器官初步形成，为转入生殖发育奠定了物质基础。

（四）结果期

从坐果节位雌花开放至果实成熟，直至采收完毕为结果期。果实生长期在25～28℃的适温条件下需28～40天。结果期所需日数的长短，主要取决于品种的熟性和果实发育期间的温度状况。一般早熟品种需28～30天，晚熟品种需35天以上。主蔓第二、三朵雌花开放至坐果，在25～30℃的适温条件下需4～6天，此时是由营养生长过渡到生殖生长的转折期。茎叶的增长量和生长速度仍较旺盛，果实的生长刚刚开始，随着果实的膨大，茎叶的生长逐渐减弱，果实为全株的生长中心。在开花后3～4天，果实生长缓慢，在幼果茸毛脱落后15～18天，果实生长迅速，是果实的膨大阶段。此后果实生长缓慢直至果实转熟，果实成熟表现为果肉组织变软，水分增多，含糖量急剧增加，色泽加深等。

三、对环境条件的要求

（一）温度

西瓜是喜温耐热作物，对温度的要求较高且比较严格。对低温反应敏感，遇霜即死。种子发芽适温为25～30℃，最低温度为15℃，在15～35℃的范围内，随着温度升高，发芽时间缩短。生长发育的适温为18～32℃，在此范围内，温度越高，生育速度越快，生育期提前。在15℃时生长缓慢，10℃时生长停止，5℃时地上部受害。幼苗期能忍耐2℃左右的低温。西瓜开花坐瓜期的温度低限为18℃，低于18℃，很难坐瓜。结瓜期的适宜温度为25～35℃，并要求较大的昼夜温差。西瓜整个生长发育期间所需要的积温为2 500～3 000℃。

（二）水分

西瓜对土壤的水分要求非常严格，土壤的水分状况直接影响到植株的发育。一株西瓜整个生长阶段约需消耗水量1 000千克。西瓜对水分反应敏感的时期有两个：一是开花结果期，此期如果水分供应不足，雌花的子房发育受阻，影响坐瓜，多以畸形瓜为主。二是西瓜果皮膨大期，此期水分不足，果皮紧实，果实未长到应有的大小便已进入成熟期，产量不高。如果实膨大前期缺水，果实易形成扁圆果；若久旱遇雨，还会造成裂果。西瓜植株不耐涝，一旦水淹，往往因根系缺氧窒息致死，应重视排涝工作。种植西瓜也需要一定的土壤含水量，适宜的土壤田间持水量在60%～80%，但不同时期有所不同，一般苗期土壤含水量在60%～70%，伸蔓期在70%，果实膨大期在75%～80%。西瓜整个生育期需水量都很大，但它却要求空气干燥，以空气相对湿度50%～60%最为适宜。较低的空气湿度下有利于果实成熟，并可提高果实糖度；较高的空气湿度会影响西瓜的品质，同时也易引发多种病害。

（三）光照

西瓜属短日照作物，一般日照时长为10～12小时，在保证正常生长的情况下短日照可促进雌花的分化，提早开花。但在8小时以下的短日照的条件下，对西瓜的生长发育不利。在光照充足的条件下，植株生长稳健，茎粗，节间短，叶片厚实，叶色深绿。在弱光照的条件下，植株易出现徒长现象，茎细弱，节间长，叶大而薄，叶色淡。特别是开花结果期，若光照不足会使植株坐果困难，严重时影响果实糖度积累，果实变差。西瓜生长发育需要较强的光照强度，西瓜光合作用的光饱和点是80 000勒克斯，光补偿点是4 000勒克斯。光谱成分对西瓜的生长发育也有一定的影响，若光谱中短波光即蓝紫光较多时，对茎蔓的生长有一定的抑制作用；而长波光即红光可以加速茎蔓的生长。

（四）土壤

西瓜对土壤条件的适应性较广，最适宜在土质疏松、土层深厚、排水良好的沙质土壤上种植。西瓜对土壤酸碱度的适应范围也较广，在 pH 5～8 范围内能正常生长。根系具有明显的好气性。西瓜产量高，需肥量大。氮、磷、钾三要素的吸收中，以钾为最多，氮次之，磷最少，三者之间的吸收比例为 3.28∶1∶4.33。不同生育期对氮、磷、钾三要素的吸收差异很大，生育前期吸收氮多、钾少、磷更少，中后期吸收钾多。从总吸收量上看，发芽期和幼苗期吸收量最少，伸蔓期和果实膨大期吸收量最大，变瓤期又变小。

四、栽培茬口

南方地区西瓜设施栽培茬口主要有冬春茬栽培、早春茬栽培、长季节栽培和秋延后栽培。西瓜设施栽培一般采用薄膜大棚中间加盖中、小拱棚多层覆盖栽培，无辅助加温设施。根据外界温度，多在棚内加设 1～2 层中、小拱棚，小拱棚下覆盖地膜，如遇低温，在中小棚之间加装一层棚膜，以增加棚内温度。如遇夏季高温时，薄膜大棚外加盖遮阳网。南方地区薄膜大棚一般为 8 米宽，具有结构简单、建造容易、投资小的特点，是目前南方西瓜栽培上最普遍、面积最大的栽培方式。

（一）冬春茬栽培

12 月中旬至翌年 1 月上旬播种，1 月下旬至 2 月上旬定植，始收期为 4 月下旬至 5 月中旬，适用品种为早熟品种。

（二）早春茬栽培

1 月中旬至 2 月中旬播种，2 月中旬至 3 月中旬定植，始收期为 5 月下旬，适用品种为早熟或中熟品种。

（三）长季节栽培

12月中旬至翌年1月上旬播种，1月下旬至2月上旬定植，始收期为4月下旬，一直分批采收至10月，管理得当的话可以采收5～6批，适用品种为早熟品种。

（四）秋延后栽培

播种期多为7月下旬至8月中旬，8月上旬至8月下旬定植，收获期为10月上旬至11月中旬左右。适用品种为早熟品种，一般多为中小果型西瓜品种。

第二节 品种选择

一、根据栽培茬口选择品种

（一）冬春茬栽培

应选择耐低温、早熟、耐湿、耐弱光、产量较高的品种，如“早佳（8424）”等中果型品种，也可选择种植“拿比特”“特小凤”“小兰”“全美2K”等小果型品种。

（二）早春茬栽培

应选择耐低温、早中熟、耐湿、耐弱光、产量较高的品种，如“早佳（8424）”“抗病京欣”“全美4K”等中果型品种，也可选择种植“拿比特”“特小凤”“小兰”“全美2K”等小果型品种。

（三）长季节栽培

应选择生长势强、抗逆性好、抗性好、坐果能力强、产量较高的品种，如“早佳（8424）”“京欣1号”等中果型品种，也可选择“蜜童”“嘉年华”等小果型西瓜。

（四）秋延后栽培

选择耐高温、耐高湿、易坐瓜、抗病性较强、产量较高的品种，如“早佳（8424）”“抗病京欣”“浙蜜3号”“甬蜜2号”等中大果型品种，也可选择种植“拿比特”“特小凤”“小兰”“全美 2K”等小果型品种。

二、中果型西瓜主要栽培品种简介

(一)“早佳(8424)”

新疆农业科学院园艺研究所育成的早熟中果型西瓜品种。植物长势稳健，坐果性好，可连续结果；春季全生育期 80～90 天，果实发育 30 天左右；果实圆球形，单瓜重 4.0～7.0 千克，果皮为绿色底覆盖墨绿色齿条纹，有蜡粉，果皮较薄，果肉粉红色；中心糖度 12.0%～13.0%，质地松脆，品质极佳；每亩产量 2 000千克左右。

(二)“京欣 1 号”

国家蔬菜工程技术研究中心育成的早熟中果型西瓜品种。较抗枯萎病、炭疽病，在低温弱光条件下容易坐果；全生育期90～95 天，果实发育期 35 天左右；果实圆形，平均单果重 5.0～6.0 千克，果皮为绿色底覆盖墨绿色齿条纹，果皮有少量蜡粉，果皮厚度 1.0 厘米左右，肉色桃红；中心糖度 11.0%～12.0%，肉质松脆；每亩产量 2 500～4 000 千克。

(三)“甬蜜 2 号”

宁波市农业科学研究院选育的早熟中果型西瓜品种。植株生长势中等，中抗枯萎病；春季生育期 85～88 天，果实发育期 30～32 天；果实高圆形，绿皮覆墨绿色齿条带，果肉粉红色，平均单果重 4.5～5.0 千克；中心糖度约 12.4%，肉质酥脆爽口，品质佳；每亩产量 2 550 千克左右。

(四)“甬蜜 3 号”

宁波市农业科学研究院选育的早熟中果型西瓜品种。植株长势较强，中抗枯萎病；春季生育期 88～92 天，果实发育期 32～35 天；果实近圆形，绿皮覆墨绿色齿条带，果肉红色，平均单果重 5.0～6.0 千克；中心糖度约 12.1%，肉质松脆，品质佳；一般每亩产量 2 500 千克左右。

(五)“全美4K”

三河井田农业科技有限公司选育的中熟中果型西瓜品种，适合春季保护地栽培、冷凉地越夏保护地栽培。耐低温弱光，阴雨天授粉能力强；果实椭圆形，绿皮覆墨绿色齿条带，果皮薄、韧性强，不易裂果，果肉红色；中心糖度12.0%以上，肉质脆硬，口感突出，货架期较长。

(六)“美都”

杭州浙蜜园艺研究所和宁波市微萌种业公司选育的早中熟中果型西瓜品种。植株生长旺盛，较耐枯萎病，易坐果；果实发育期30～33天；果实圆球形，单果重6.0～9.0千克，果皮绿色覆盖覆墨绿色条纹，果皮较韧，果肉桃红色；中心糖度11.0%～12.0%，肉质细脆，口感好；一般每亩产量3 000千克左右。

(七)“抗病948”

上海市农业科学院园艺研究所选育的早中熟中果型西瓜品种。高抗西瓜枯萎病，兼抗西瓜蔓枯病和炭疽病；果实发育期约33天；果实高圆形，单瓜重5.0～8.0千克，果皮绿色覆盖覆墨绿色条纹，瓤色浓粉红；中心糖度13.0%以上，肉质细嫩松脆，品质佳；一般每亩产量3 000千克以上。

(八)“丰乐5号”

合肥丰乐种业股份有限公司选育的早熟中果型西瓜品种。植株生长势稳健，极易坐果，抗枯萎病，兼抗炭疽病；全生育期90天左右，果实发育期30～31天；果实椭圆形，平均单瓜重4.0～5.0千克，果皮浅黑色底覆盖暗条带，果皮1.0厘米，果肉浓粉色，中心糖度12.5%左右；一般每亩产量2 250千克左右。

(九)“浙蜜”

浙江大学农学院园艺系、浙江勿忘农种业股份有限公司选育的早熟中果型西瓜品种。植株长势稳健，坐果性好，较抗病；果实发育期约33天；果实高圆形，单果重5.0～6.0千克，果皮深绿色覆墨绿色隐条纹，果皮厚约 1.0 厘米，果肉红色；中心糖度约 12.0%，边缘糖度约 9.0%，糖度梯度小，品质佳，较耐储运；一般每亩产量 3 000 千克左右。

三、小果型西瓜主要栽培品种简介

（一）“拿比特”

杭州三雄种苗有限公司从日本引进的早熟小果型西瓜品种。植株生长势强，连续结果性好；果实椭圆形，平均单果重约 2.0 千克，果皮绿色覆盖覆墨绿色条纹，果皮薄，果肉红色；中心糖度 12.0%～13.0%，肉质脆嫩；一般每亩产量 2 000 千克左右。

（二）“小兰”

台湾农友种苗公司育成的极早熟小果型西瓜品种。果实发育期 24～27 天；果实高圆形，平均单瓜重 1.5～3.0 千克，果皮淡绿色覆青色狭条纹，果肉黄色；中心糖度约 12.0%，糖度梯度小，质脆籽少，汁多爽口，风味好。

（三）“京阑”

国家蔬菜工程技术研究中心育成的早中熟小果型西瓜品种。生长稳健，雌花节位低，坐果性好；果实发育期 23～25 天；果实高圆形，果皮绿色覆深绿色齿带，果皮薄，果肉黄色，平均单瓜重 2.0 千克左右；中心糖度约 12.0%，汁液多，瓤质脆，口感较好；一般每亩产量 2 000 千克左右。

（四）“蜜童”

由先正达公司选育的早中熟小果型无籽西瓜品种。植株生长势和抗病性强，每株可坐果 3～4 个，并能多批采收；果实发育期25～30 天；果实圆形至高圆形，表皮绿色布深绿条带，平均单果重 2.5～3.0 千克，果皮厚约 0.9 厘米，果肉大红色，剖面较好，无籽性好；中心糖度 12.0%～15.0%，纤维少，汁多味甜，质细爽口，口感好；果实耐空心，不易裂果；一般每亩产量 2 500～3 000 千克。

（五）"全美 2K"

三河井田农业科技有限公司选育的早中熟小果型西瓜品种。生长稳健，坐果性好，中感枯萎病；果实发育期 31 天左右；果实椭圆形，绿皮覆深绿色齿条带，果皮中等、韧性强，不易裂果，果肉红色；中心糖度12%以上，汁液多，口感好，瓤质松脆；不易裂果，耐储运性好；一般每亩产量 1 500 千克左右。

（六）"金比特"

杭州三雄种苗有限公司等单位从日本引进的早熟小果型西瓜品种。中抗枯萎病和炭疽病；果实发育期 32 天左右；果实椭圆形，平均单果重约 2.0 千克，果皮深绿色覆盖覆墨绿色宽条纹，果皮厚 0.6 厘米，果肉黄色；中心糖度 11.8%，瓤质脆，汁液多，口感好；一般每亩产量 1 700 千克左右。

第三节　西瓜轻简化栽培技术

一、西瓜嫁接育苗与嫁接栽培技术

随着瓜类种植面积的不断扩大，尤其是设施栽培面积迅速增加，轮作周期不断缩短。由土传病害、自毒作用、土壤理化性质的劣变等因素导致的连作障碍日益严重，成为制约西瓜等瓜类生产可持续发展的主要问题之一。一些土传病害的发生较为严重，如西瓜、甜瓜等的枯萎病等。这类土传病害有逐年加重的趋势，药剂防治不但成本高，且污染环境，影响产品的食用安全。而抗土传病害品种的选育技术难度大，难以达到理想的效果。嫁接换根能克服连作障碍，防治土传病害，从而增加产量，其作用显著。利用抗性强的砧木进行嫁接栽培不但可以有效地防治土传病害，而且选用合适砧木，还可提高作物对土壤的肥水利用率，增强对低温或高温、干旱或涝害等不良环境因素的抵抗能力，提早上市，增加产量且对品质无明显影响。

目前，嫁接技术已在我国西瓜生产中大面积推广应用，是国内嫁接技术应用最多的一类作物，约占西瓜种植面积的47.3%，有效解决了枯萎病等土壤连坐障碍问题，是连坐地块实现可持续发展的一项不可或缺的重大生产技术。

(一) 育苗设施设备

选择背风向阳、地势干燥、能排水的平地搭建育苗设施，可选择玻璃温室、塑料单体大棚或塑料连栋大棚。一栋育苗棚的宽度最好不超过10米，长度一般在40米左右，不宜过长。按此规格建立的育苗大棚一般可育苗6万～8万/栋。育苗设施要通电、通水，要配备小拱棚材料，地、空加温线或锅炉、遮阳网、补光灯以及通风降温设备等。

嫁接育苗设施使用前应进行消毒，可用0.25千克硫黄+0.5千克锯末熏蒸24小时或40%福尔马林100倍液喷雾，用药剂量为30毫升/平方米，密闭48小时后，再通风48小时方可使用。

(二) 育苗容器及基质

育苗容器可用营养钵，也可用穴盘。育苗基质可自行配制营养土，也可购买专用育苗基质。若采用插接可用营养钵和穴盘育苗，若采用靠接和劈接，则一般采用营养钵育苗。

营养土的配制是采用无病、无虫卵、无杂草的表土或风化塘泥，每平方米土加入0.5千克复合肥和1.0千克多菌灵。

基质可购买草炭、蛭石等加珍珠岩混合，每平方米基质加入0.5千克复合肥和1.0千克多菌灵。

育苗基质或营养土加水搅拌均匀，湿度控制在50%～60%。

(三) 品种选择

1. 接穗选择 西瓜品种宜选用耐低温弱光、抗病性强、适应性广、商品性好的品种。中果型西瓜如“早佳（8424）”“美都”等品种；小果型如“拿比特”“小兰”等品种。

2. 砧木选择 根据接穗类型和栽培季节不同，选用耐逆性强、嫁接亲和力好的适宜砧木品种。如早春栽培中果型西瓜宜采用“甬砧1号”“京欣砧1号”等品种；长季节栽培宜采用“甬砧3号”“甬砧7号”等砧木品种；小果型西瓜栽培宜采用“甬砧5号”等品种。

（四）砧木种子催芽及育苗

选晴天晒种1～2天。先在55℃热水中烫种消毒15分钟，不断搅拌，浸种完毕，清洗种子，再于室温下清水浸12～24小时，其间搓洗2次。浸种后用湿毛巾包裹种子保湿，置于培养箱内，保持在28～30℃进行催芽，期间要加水保湿。待种子露白后挑种并分批进行播种。播种前1天浇透底水，种子平放，胚根朝下，一钵（或一孔）一粒，盖1.5厘米厚的基质，覆地膜。

将播种好的营养钵或穴盘放置在催芽室中，温度保持在25～30℃，不得超过30℃，湿度保持在60%～70%，采用红蓝光LED灯补光。顶土时及时揭除地膜，50%出苗后要降低苗床温度，防止下胚轴徒长。出苗后保持白天温度20～25℃，夜间不低于15℃。砧木出土后要及时脱帽。注意砧木长势及病害的发生，若出现缺肥及病害，应在嫁接前5天施肥及防病一次。嫁接前3～4天要浇透水。嫁接前1～2天，控水并适当通风，以提高砧木的适应性和下胚轴粗壮。

（五）接穗种子催芽及育苗

选晴天晒种1～2天。先在55℃温水中烫种消毒15分钟，不断搅拌，再于室温下浸清水2～4小时，期间搓洗1次。然后将种子用湿毛巾包裹种子保湿，置于培养箱内，保持在28～30℃温度下进行催芽。期间用清水洗1～2次并加水保湿。待50%以上种子露白（胚根长1毫米）后及时播种。播种时种子要平放，胚根朝下，播距1厘米见方，盖上1厘米厚的基质，浇透水，覆地膜。

将播种好的营养钵或穴盘放置在催芽室中，温度保持在25～30℃，不得超过30℃，湿度保持在60%～70%，采用红蓝光LED灯补光。出苗后要及时揭除地膜。出苗后白天温度保持在20～25℃，夜间不低于15℃，及时脱壳。嫁接前1天适当让其徒长。

（六）嫁接

1. 嫁接工具 嫁接工具有嫁接签、刀片、嫁接夹、喷壶等，竹签一端削成与接穗下胚轴粗度相同的楔形，先端渐尖。刀片应保持锋利。

2. 嫁接时期 砧木适宜嫁接的时期：葫芦、野生西瓜是1叶1心，南瓜是第一片真叶未完全展开。

接穗插接适宜时间为下胚轴直立到子叶平展前。

3. 嫁接方法 目前在西瓜上使用较多的嫁接方法是顶插接。首先将砧木的真叶、生长点去掉。嫁接时先用竹签从除去生长点的砧木的切口上，靠一侧子叶朝着对侧下方斜插一个深约0.8厘米的孔，深度以刚穿破下胚轴表皮为宜。再取接穗，用刀片在距生长点0.5厘米处，向下斜削，削成一个长0.8厘米的楔形。然后拔出竹签，随即将削好的接穗插入砧木的孔中，使砧木子叶与接穗紧密吻合，同时使砧木子叶和接穗子叶呈“十”字形。晴天嫁接时需要遮阳，嫁接后及时移入苗床内。夏秋季嫁接在傍晚或晚上进行。

大规模嫁接育苗时最好进行流水作业，即专人切削接穗，专人嫁接，专人搬运整理。操作熟练、技术全面的人专门切削接穗和进行嫁接。

4. 嫁接管理

（1）温度。嫁接后3天内，白天保持24～26℃、夜间18～20℃；3天后逐渐降温，第七天起白天18～20℃、夜间14～16℃；10天后按普通苗管理。冬春季做好保温加温管理夏秋季做好降温管理。

（2）湿度。嫁接前育苗基质要保持水分充足；嫁接后前3天实行密闭管理，小拱棚内相对湿度达到95%以上。4天起根据嫁接苗成活情况逐渐换气降湿；7天后在早上和傍晚逐渐增加通风换气时间和换气量；10天后注意避风并恢复普通苗床管理。夏秋季缩短密闭管理时间。

（3）光照。嫁接前3天应采用3层遮阳网遮阳。嫁接后的5～7天，应避免强光直射苗床，晴天要用遮阳网遮阳，否则嫁接口易失水干枯，难以愈合。如遇阴雨天气，则不要遮阳，充分利用自然光照促进愈合。连续3天以上阴雨天时需要补光，采用红蓝光LED补光，照度为120微摩尔/（平方米·秒），补光时间在8～16小时，比自然光照的嫁接苗早成苗5～7天。

（4）除萌芽。嫁接成活后及时除去砧木萌芽。

（七）炼苗

早春定植前5～7天炼苗。选择晴暖天气，结合浇水，施0.3%～0.5%的三元复合肥（15-15-15），增加通风量，降低温度。

（八）出圃

一般嫁接后春季约20天，嫁接苗就可达到1张半真叶到2张半真叶的出圃形态。出苗后经过5～10天的炼苗，嫁接后25～30天即可定植。夏季高温时期，嫁接后12天左右即可定植。2～3叶1心出圃。

（九）嫁接苗分级标准

见表1。

表1　西瓜嫁接苗分级标准

级别	砧木部分				接穗部分				株高（厘米）	嫁接愈合	根系	病虫害
	茎粗（厘米）	茎高（厘米）	子叶大小（厘米）	子叶颜色	茎粗（厘米）	茎高（厘米）	子叶	真叶				
一级	0.3～0.5	3～5	3×6	浓绿	0.15～0.2	2～4	完整	清秀2叶	5～9	完好	完好	无
二级	0.3～0.5	3～5	3×5	浓绿	0.1～0.15	>4	缺	淡绿2叶	7～9	完好	完好	子叶轻微
三级	0.3～0.5	>5	缺		0.1～0.15	>4	缺	黄绿<2叶	7～9	完好	完好	真叶有病

（十）西瓜嫁接田间管理

1. 改造栽培设施设备 根据西瓜轻简化栽培的需要，根据当地实际情况，改造栽培设施和设备，加装自动化机械卷膜器、电动遮阳网、小型水肥一体化设备文丘里施肥器等，配备小型旋耕机、小型开沟机、小型平整机、覆膜机等。

2. 土壤处理

（1）夏季高温土壤消毒处理。酸性土壤每亩用50千克石灰氮进行消毒处理。选择时间清除病残体。选择夏季7～8月天气最热、光照最好的一段时间进行处理，先将前一茬作物的残留物彻底清出大棚。均匀撒施石灰氮颗粒剂和未腐熟有机肥。每亩施用未腐熟的农家有机肥1 000～1 500千克、50%石灰氮颗粒剂50千克，均匀撒施于土壤表面。用旋耕机将有机肥和石灰氮颗粒均匀翻入土中（深度30～40厘米为宜），为尽量增大石灰氮颗粒与土壤的接触面积，保证消毒效果，最好翻耕两遍。土壤整平后3米左右作一畦，用旧的塑料薄膜覆盖地面，将畦面表面密封。密闭大棚，并立即灌水至畦面全部被淹没。密闭大棚20～30天后，可除去大棚内覆盖的旧薄膜，进行种植。

碱性土壤每亩可用1千克高锰酸钾进行消毒处理。也可配合使用凯迪瑞、多利维生等微生物菌剂、生物有机肥进行修复，防治土传病害，活化根际土壤环境。

（2）冬季深翻冻土。在秋季西瓜采收结束后，用旋耕机深翻土壤，深度在40厘米左右，通过低温冻土，减少下一季病虫害的危害。

3. 秸秆还田 主要是通过翻压、覆盖、沟埋等方式，将麦秸、玉米秸、蔬菜废弃物等直接还田，或经堆沤、发酵60～200天完全发酵腐熟后施入土壤。

4. 整地施肥作畦 嫁接西瓜可减少基肥用量20%～30%，每亩施硫酸钾型三元复合肥（15－15－15）40千克、过磷酸钙25千克、硫酸钾15千克和硼砂1千克，均匀撒施在田块上，用旋耕机翻入土中。用平整机将畦面精细平整，南方中小棚一般平畦宽6～8米，中间用开沟机开沟，沟宽30厘米、深15～25厘米，做成2～3条种植畦，各宽2.5～3.0米，四周排水沟深60～80厘米，宽30～50厘米。

5. 覆膜 冬季最好提前一个月覆地膜，提高地温，每条瓜畦铺设简易滴管1～2根，然后用覆膜机覆盖0.02毫米厚的白色地膜或银灰色地膜。冬季移栽后，按种植畦搭建高0.8米、跨度1～1.2米的小拱棚，覆盖0.014毫米厚的膜。若气温低时，在大棚内搭建高1.4～1.5米、跨度5～6米的中棚，覆盖0.014～0.025毫米厚的膜。

夏季在定植前1～2天覆地膜，每条瓜畦铺设简易滴管1～2根，然后用覆膜机覆盖0.02毫米厚的黑色地膜或银灰色地膜，避免土温过高。

覆膜前采用除草剂除草。

6. 定植 早春大棚西瓜应用苗龄40天左右的嫁接苗，要求棚内气温稳定在13℃以上，10厘米地温稳定在15℃以上。一般嫁接西瓜爬地栽培，株距为50～60厘米，行距2.5～3.0米，每亩种植500～600株。一般选晴天9：00～15：00定植。按株距用打孔器打孔，深度与营养钵或基质块相当高度的定植孔，定植时用移栽机定植，单株定植，每1株苗的定植程序包括插入、投苗、提起、松手，不用弯腰、不用下蹲，站着就可以完成定植，大大减轻了劳动强度，种植效率可提高3～5倍。定植后浇定根水，水渗后保证幼苗根部贴靠土壤，勿用力压幼苗，用营养土完全密封，防止土温随热气散失。栽完后，畦面上插小拱架，搭建小拱棚，再密封大棚提高温度。

秋季大棚7月下旬至8月上旬定植，应用苗龄20天左右的嫁接苗。畦面用秸秆覆盖，降低土温。若气温高时，在大棚外覆盖遮阳网。

7. 整枝 西瓜伸蔓后应及时进行整枝，采取三蔓整枝法。

当主蔓长60厘米时，在3～5节处选留2条健壮的侧蔓，摘除其余侧蔓。瓜坐稳后，去除病叶、老叶、病枝、弱枝。

8. 授粉 早春大棚西瓜开花期较早，加之棚膜多层覆盖，昆虫传粉较少，应及时人工辅助授粉。植株长势好、子房发育正常，主、侧藤第一朵雌花坐瓜。开花时，在7：00～9：00进行人工授粉，阴天适当推迟，晴天适当提早。选留主蔓第二雌花坐瓜，每株留一瓜，为确保早熟，侧蔓第二雌花作为后备瓜。人工授粉后做好标记，注明坐瓜时间。幼瓜坐稳后，每株保留正常幼瓜1个，其余摘除。气温回升后可以采用蜜蜂授粉。秋季西瓜授粉可以采用蜜蜂授粉。

9. 追肥 通过大棚的滴灌系统进行水肥一体化技术浇水追肥，施用膨瓜肥，膨瓜肥要早施、淡施。幼瓜鸡蛋大时，施第一次膨瓜肥，每亩施三元复合肥（15－15－15）10千克、硫酸钾5千克一次，也可在西瓜坐果期、果实膨大期各喷施0.2%～0.3%磷酸二氢钾溶液一次。采收前10天停止施肥水。

10. 环境管理 早春大棚西瓜从定植至坐果，温度管理以防寒、保温为主。定植后5～7天内闷棚增温，最低夜温达10℃以上，以利缓苗；缓苗后开始少量放风，保持昼温最高不超过30℃，夜温不低于15℃。伸蔓期9：00～15：00，临时揭开小拱棚，大棚则通过开闭天窗通风控温；温度30℃以上应大放风；当夜温稳定在12℃以上，瓜蔓长30厘米左右时，可撤除小拱棚。5月气温升高后，白天棚温保持在25～32℃，夜间保持在18～20℃，棚温超过35℃适当通风降温，晴天中午打开裙膜和大棚门。开花坐果期，白天温度控制在25～30℃，超过30℃时，加强通风，夜间保持在15℃以上。西瓜膨大期和成熟期棚温白天保持在25～32℃，夜间保持在15～20℃，地温在20℃以上，昼夜温差为10℃左右，以利果实膨大成熟。

棚内空气相对湿度不宜过大，除定植初期达到80%以上外，其他时期宜保持在60%～70%，可在晴暖的白天适当晚关棚，加大空气流通，垄间铺草降低土面蒸发；阴雨天关闭天窗，防止雨水进棚。在灌溉上采取“三浇、三不浇和三控”原则，即阴雨天不浇、晴天浇，下午不浇、上午浇，明沟不浇、暗沟浇；苗期控水、连阴控水、低温控水，能有效地抑制病害的发生和蔓延。

11. 病虫害防治

（1）防治原则。以预防为主，综合防治，优先采用农业、物理、生物防治，配合化学防治，农药使用应符合《农药合理使用准则（九）》（GB/T 8321.9—2009）的要求。

（2）防治方法。嫁接育苗苗期需要防治的病虫害有猝倒病、立枯病、炭疽病、白粉病、粉虱类和蚜虫等。生长期的嫁接西瓜对枯萎病已有良好的抗性，部分砧木品种还可抗（或耐）根腐病等，但对西瓜上常见的炭疽病、白粉病、叶枯病、霜霉病、黄瓜绿斑驳花叶病毒病和蚜虫、红蜘蛛等缺乏抗性。在防治上，应实行轮作制，合理施肥，严格进行种子消毒等。

苗期病害以猝倒病、白粉病、炭疽病为主；田间主要病害是炭疽病、蔓枯病，而且两病发生较实生西瓜相对早而重，砧木子叶期就发生炭疽病，伸蔓期、坐瓜期所发生的蔓枯病比实生西瓜略重。猝倒病用64％恶霜·锰锌可湿性粉剂500倍液，或72.2％乙霜霉威水剂800倍液喷雾防治；白粉病用36％硝苯菌酯乳油1 500倍液防治；炭疽病用75％百菌清可湿性粉剂1 000倍液，或70％甲基硫菌灵可湿性粉剂1 000倍液喷雾防治。

虫害多为蓟马、蚜虫、红蜘蛛、美洲斑潜蝇和烟粉虱。蓟马用50％苯丁锡4 000倍液喷雾防治；蚜虫用25％噻虫嗪水分散粒剂2 500～5 000倍液，或10％烯啶虫胺水剂2 000倍液，或20％啶虫脒可溶性液剂5 000倍液喷雾防治，注意交替用药；红蜘蛛用10.5％阿维·哒螨灵乳油2 000～2 500倍液，或1.8％阿维菌素乳油1 500～2 000倍液等喷雾防治，5～7天喷1次，重点对植株嫩叶背面、嫩茎、花器等部位喷洒；美洲斑潜蝇用75％灭蝇胺可湿性粉剂4 000倍液，5％氟虫脲乳油1 000～2 000

倍液，或1.8%阿维菌素乳油2 000倍液等交替使用；烟粉虱用1%甲维盐乳油2 000倍液，或5%吡虫啉可湿性粉剂1 500倍液，或20%啶虫脒可溶性液剂5 000倍液喷雾防治，注意交替用药。

12. 适时采收 果皮花纹清晰，呈现出该品种固有的颜色，表面有光泽，瓜蒂和瓜脐部位略凹陷即为瓜成熟的标志。一般在雌花开放后37～40天采收第一批瓜，以后每隔30天左右采收1次。

二、西瓜长季节栽培技术

西瓜长季节栽培技术是浙江瓜农在生产实践中总结的一套西瓜省工节本高效的生产技术。该技术采用全程避雨、科学的肥水和整枝技术，越夏期间通风降温，保证嫁接西瓜植株稳健的长势且不易早衰。西瓜始收期早，4月下旬至5月中旬即可采收第一批，较露地西瓜早采收近2个月。西瓜采收时间长，从4月下旬一直可以采收至11月，全程采收4～6批，亩产量达4 000～5 500千克，亩产值达8 000～10 000元。

（一）品种选择

西瓜品种选用新疆农业科学院选育的“早佳（8424）”，嫁接砧木品种选用“甬砧3号”“甬砧7号”等耐热性强、越夏期间不易早衰的砧木品种。

（二）嫁接育苗

选择32孔或50孔穴盘育苗。11月下旬至翌年1月播种。采用顶插接法或劈接法，砧木比接穗提早7天左右播种。接穗子叶出壳或出壳刚转绿色即可嫁接；采用靠接法，接穗比砧木提早7天左右播种。嫁接期间气温低，需配备加温线等加温设施，还需准备遮阳网等遮阳材料。嫁接后前3天密闭苗床，保持温度24～26℃、湿度95%～100%。3天后，逐渐增加通风量和通风时间，降低棚内空气湿度。嫁接成活后（嫁接后7～10天）即可按普通苗进行管理。定植前5～7天炼苗，炼苗视幼苗情况灵活掌握，壮苗少炼或不炼，嫩苗则逐步增加炼苗强度。早春嫁接苗龄40天左右，真叶3～4片，叶色浓绿，叶片完整，接口愈合良好，幼茎粗壮。

（三）整地、施基肥、作畦

于冬前将旧植株残体以及旧膜等拆除，土地深翻一次，可杀灭土壤中的部分病虫并洗去盐分。由于嫁接苗根系较为发达，吸肥能力较自根苗强，基肥用量较自根苗少20%～30%。定植前20天覆盖大棚膜，可提高大棚内气温和土温。整地前撒施腐熟农家有机肥750～1 000千克/亩，定植前15天，施腐熟饼肥50千克/亩、复合肥50千克/亩、过磷酸钙20～30千克/亩和硫酸钾20千克/亩。一般8米钢管大棚作3畦，沟宽20～30厘米。地下水位较高的地块开30厘米以上深沟，可减少土壤含水量。耙平畦面，距定植位置30～50厘米处铺设滴管，方便浇水和施肥，覆盖地膜。

（四）定植

1月下旬或2月上中旬，瓜苗2叶1心至3叶1心时定植。定植时，要求棚内气温稳定在13℃以上，10厘米地温稳定在15℃以上。嫁接西瓜长季节栽培宜稀植，一般每亩栽170～300株，株距0.8～1.3米，爬地栽培。定植于畦面一侧1/3处，定植后用移栽灵1 500倍液500毫升浇根，也可用500毫升的300倍三元复合肥（15-15-15）、500倍磷酸二氢钾、500倍多菌灵或普力克混合液浇根。浇根后，用营养土或基质将定植孔封实。定植后覆盖小拱棚，如持续低温阴雨可大棚与小拱棚间搭中棚，以提高保温效果。

（五）田间管理

1. 缓苗期管理 栽后以保温为主，严密覆盖大棚，保持小拱棚温度30～35℃。缓苗后，温度可适当降低，保持25～30℃。栽后3天检查瓜苗成活情况，出现死苗，立即补种。发现萎蔫苗，晴天下午每株浇300倍磷酸二氢钾和250倍尿素混合液500毫升。发生僵苗，用300倍磷酸二氢钾液浇瓜苗或叶面喷施。

2. 伸蔓期管理 白天棚内温度20℃以上，可揭去中棚、小棚膜。棚温超过30℃，选择背风处进行大棚通风降温排湿，下午棚温30℃左右关闭通风口。棚温超过35℃，应掌握逐步降温，防止降温过快造成伤苗。阴天和夜间仍以覆盖保温为主，保持棚内夜温13℃以上。

看苗施肥，叶色浓绿，不施肥；叶色淡绿，施1次肥，每亩用复合肥5千克兑水浇株。坐瓜前，植株生长旺盛、叶色浓绿，不施肥。反之，在雌花开放前7天适当施肥，每亩施三元复合肥（15-15-15）5千克。此期，雨天多，少浇水。

嫁接苗前期长势强，侧蔓多。伸蔓后，及时整枝、理蔓，让藤蔓往两边斜爬。理蔓在每天下午进行，避免伤及藤上茸毛或花器。主蔓60厘米左右开始整枝，去弱留壮，最后每株保留主蔓和2条粗壮侧蔓。整枝不能一步到位，要分次整，以免伤根，每隔3～4天整枝1次，每次整1～2个侧蔓。坐瓜后不再整枝。

3. 结果期管理 白天温度保持在30℃，夜间不低于15℃，否则坐果不良。选植株长势好、子房发育正常，主、侧蔓第二朵（13节左右）雌花坐瓜。开花时，7：00～9：00进行人工授粉，阴天适当推迟。人工授粉后做好标记，注明坐瓜时间。嫁接西瓜比实生西瓜易坐瓜，且第一批瓜过多易出现畸形瓜，要求幼瓜坐稳后，每株保留正常幼瓜1个，其余摘除。膨瓜肥要早施、淡施。幼瓜鸡蛋大时施第一次膨瓜肥，每亩施三元复合肥（15-15-15）10千克、硫酸钾5千克，以后看苗再施膨瓜肥，用量同第一次。采收前10天不再施肥水。

4. 多次结果管理 第一批瓜采后，不要急于坐第二批瓜，施1次植株恢复肥，每亩施三元复合肥（15-15-15）10千克、硫酸钾5～10千克，并叶面喷0.2%～0.3%磷酸二氢钾液1～2

次，每亩用液量 60～70 千克。幼瓜鸡蛋大时施 1 次膨瓜肥，7 天后再施 1 次，每亩施三元复合肥（15-15-15）10 千克、硫酸钾 5 千克。以后每采一次瓜施 1 次肥，然后再坐瓜。第二批瓜每株坐 2 个左右，之后看苗坐瓜。气温高、干热，适量浇水。施肥、浇水一般通过滴管，也可在两株间打孔施肥和浇水，不可漫灌。

5. 越夏期间管理　嫁接西瓜耐热性不及自根苗西瓜，要密切注意棚内温度。第二批瓜结果时气温逐渐升高，要及时降温，棚温超过 35℃，则棚两头开膜及棚中间开边窗。越夏时，可覆盖遮阳网或在棚膜上涂抹泥浆，控制棚温在 35℃以下。夏季温度高，植株以养藤蔓为主，放任生长，不进行整枝。不坐果或少坐果。

（六）病虫害防治

苗期以猝倒病、白粉病、炭疽病为主；田间主要病害是炭疽病、蔓枯病，而且两病发生较实生西瓜相对早而重，砧木子叶苗就发生炭疽病，伸蔓期、坐瓜期所发生的蔓枯病比实生西瓜略重。猝倒病用 64％恶霜·锰锌可湿性粉剂 500 倍液，或 72.2％乙霜霉威水剂 800 倍液喷雾防治；白粉病用 36％硝苯菌酯乳油 1 500倍液防治；炭疽病用 75％百菌清可湿性粉剂 1 000 倍液，或 70％甲基硫菌灵可湿性粉剂 1 000 倍液喷雾防治。

虫害多为蓟马、蚜虫、红蜘蛛、美洲斑潜蝇和烟粉虱。蓟马用 50％苯丁锡 4 000 倍液防治；蚜虫用 25％噻虫嗪水分散粒剂 2 500～5 000 倍液，或 10％烯啶虫胺水剂 2 000 倍液，或 20％啶虫脒可溶性液剂 5 000 倍液防治，注意交替用药；红蜘蛛用 10.5％阿维·哒螨灵乳油 2 000～2 500 倍液，或 1.8％阿维菌素乳油 1 500～2 000 倍液等喷雾防治，5～7 天喷 1 次，重点对植株嫩叶背面、嫩茎、花器等部位喷洒；美洲斑潜蝇用 75％灭蝇胺可湿性粉剂 4 000 倍液，5％氟虫脲乳油 1 000～2 000 倍液，或 1.8％阿维菌素乳油 2 000 倍液等交替防治；烟粉虱用 1％甲维盐乳油 2 000 倍液，或 5%吡虫啉可湿性粉剂 1500 倍液，或 20%啶虫脒可溶性液剂 5 000 倍液防治，注意交替用药。

（七）采收

嫁接西瓜一般于 4 月中下旬开始采收第一批瓜，瓜龄 40～50 天，以后随气温的升高，瓜龄 27～30 天即可采收。嫁接西瓜必须采摘自然成熟瓜，不能采用生长调节剂或高温闷棚催熟。当地销售的成熟度要 9 成以上，远途销售的成熟度 8～9 成。成熟的嫁接西瓜果脐凹陷，果蒂处略收缩，果柄茸毛脱落稀疏，果面光亮，条纹清晰，显示出西瓜品种固有的色泽和正常风味。

（八）经济效益分析

西瓜长季节栽培模式在 12 月上旬播种，翌年 1 月中旬定植，西瓜采收时间长，从 4 月下旬一直可以采收至 11 月，全程采收 6～8 批，每亩产量达 4 000～5 500 千克，每亩产值达 8 000～10 000元，省工省本，效益比较稳定。

三、西瓜水肥一体化技术

水肥一体化是水和肥同步供应的一项农业技术，简单来讲是借助压力灌溉系统，将完全水溶性固体肥料或液体肥料，按西瓜生长各阶段对养分的需求和土壤养分的供给状况，配兑而成的肥液与灌溉水融为一体，适时、定量、均匀、准确地输送到西瓜根部土壤。该技术充分利用可控管道系统供水、供肥，通过管道和滴头形成滴灌，使水肥相融后，满足作物不同生长期对水分、养分的需求，使根系土壤始终保持疏松和适宜的含水量；同时，通过不同生育期的需求设计，从而达到提高作物产量与品质、增产增收的一项新技术。该技术解决了正确施肥总量、正确施肥模式、正确肥料运筹、正确肥料产品、正确施肥位置、正确滴灌制度等关键问题，具有节工、节水、节肥、节药、高产、高效、优质、环保等好处。主要有以下 4 个优势：

1. 节省成本，提高经济效益　由于使用滴灌和微灌系统，有利于降低病害的发生，减少了农药的投入和防治病害的劳力投入，可有效降低棚室空气湿度8.5%～12%；微灌施肥减少农药用量15%～25%，节水率达到50%以上，节省劳力100～120小时/亩。同时，水肥一体化技术可促进作物产量提高和产品质量的改善，通过改善品质、增加产量，提高经济效益。

2. 改善塑料温室大棚内种植环境 滴灌与畦灌相比，克服了因灌溉造成的土壤板结，有利于改善土壤物理性质，土壤容重降低，通气性能良好，土壤孔隙度比畦灌提高25%左右。此外，滴灌比常规畦灌棚内地温增高2.7℃，气温可提高2～3℃，有效防止棚内温度剧烈下降，减少了因通风降湿而降低棚内温度的次数，有利于增强土壤微生物活性，促进作物对养分的吸收。

3. 提高肥料利用率，满足作物需肥要求 水肥一体化技术减少了肥料挥发和流失，实现了平衡施肥和集中施肥，具有施肥简便、作物易于吸收、肥效快、供肥及时、肥料利用率高等优点，减少了养分过剩造成的损失。水肥一体化技术充分满足作物对肥水的要求，在生产上保证了作物的产量，通过在关键生育期人为定量调控，有效避免了作物缺素症状，有效改善了作物品质。因此，该技术使肥料的利用率大幅度提高。

4. 减少水体污染 水肥一体化技术不仅节约氮肥，尤其避免了尿素和铵态氮肥施在地表挥发损失的问题，有利于保护环境。传统施肥中，在较干的表土上进行施肥易引起挥发损失、溶解慢的问题，而水肥一体化技术可以避免这些问题，最终提高肥效发挥速度。据研究，灌溉施肥体系比常规施肥节省肥料50%～60%。同时，大大降低了设施作物和果园中因过量施肥而造成的水体污染问题。

我国水肥一体化技术在西瓜上已大面积应用，有智能型、简易型等多种类型，有效减少了西瓜肥水管理环节的用工投入。

（一）系统组成

系统由水源、首部枢纽、输水管网、灌水器4部分组成。

1. 水源 包括河道水、水库水、沟渠水、地下水等，水质符合《无公害农产品 种植业产地环境条件》（NY/T 5010—2016）要求。如果水源不能满足灌溉用水量要求，需要修建引水、蓄水等工程。

2. 首部枢纽 包括水泵、过滤器、施肥器、控制设备以及监测仪表等。

（1）水泵。根据水源状况以及灌溉面积选用适宜的水泵类型以及合适的功率。一般情况下，要求水泵功率不低于1 000瓦/亩。

（2）过滤器。根据灌溉水源的水质条件，一般选用筛网过滤器或叠片过滤器。过滤器尺寸根据大棚滴灌管系统总流量来确定。一般单棚宜采用直径 3.3 厘米或 5.0 厘米过滤器。

（3）施肥器。常用施肥器有压差式、文丘里、注入泵和开放式肥料池（桶）。单棚宜采用 30 升施肥灌、直径 4.0 厘米文丘里施肥器。

（4）控制设备和监测仪表。除简易水肥一体化系统外，系统中还应安装阀门、压力或流量调节阀、流量或压力监测表、逆止阀、进排气阀等。

3. 输水管网 包括干管、支管、毛管三级管道。大棚内一般由支管和毛管组成，采用 PE 软管，支管壁厚 2～2.5 毫米，直径为 32 毫米或 40 毫米。毛管壁厚 0.2～1.1 毫米，直径 8～16 毫米。

4. 灌水器 采用内镶式滴灌带或薄壁滴灌带，流量为 1.5～30 升/时，滴头间距为 20～40 厘米。

（二）肥料选择

选择溶解度高、溶解速度快、腐蚀性小、与灌溉水源相互作用小的肥料。不同肥料搭配施用，应充分考虑肥料品种之间相容性，避免相互作用产生沉淀或拮抗作用。

优先选择灌溉施肥专用水溶性肥料，水溶性肥料需符合《水溶性肥料》（HG/T 4365—2012）的要求。包括水溶性复合肥、水溶性微量元素肥、含氨基酸类水溶性肥料、含腐植酸类水溶性肥料等。简易粗放型水肥一体化设施可使用常规肥料，但需充分预溶解过滤后施用。

（三）系统使用维护

1. 管路冲洗 使用前，用清水冲洗管路 10～15 分钟。施肥后，用清水继续灌溉 15～20 分钟。

2. 系统维护 每 30 天清洗肥料池（罐、桶）1 次，并依次打开各个末端堵头，使用高压水流冲洗干、支管路。按照说明书要求保养施肥器，在灌溉过程中，若供水中断，应尽快关闭施肥装置进水管阀，防止肥料溶液倒流。当出口压力低于进口压力 0.6～1 个大气压时清洗过滤器，小型过滤器一般每 30 天清洗 1 次。

（四）西瓜水肥需求特点及要求

1. 需肥特点及要求 西瓜整个生长期需氮、钾多，需磷少。生长前期需氮肥较多，开花前后需磷较多，中后期需钾较多。

施肥上掌握生长前期增施氮肥，配施磷钾肥，坐瓜期追施氮肥、钾肥。根据不同生长发育阶段的养分吸收比例，要轻施提苗肥，巧施伸蔓肥，重施膨瓜肥。

2. 需水特点及要求 西瓜耗水量随土壤含水量增加也相应增加，土壤含水量适宜范围在 60%～80%，西瓜产量品质表现俱佳。在整个生育期内有 2 次需水高峰，1 次在伸蔓期，1 次在膨瓜期。幼苗期，需水量小，到伸蔓期逐步增加，出现小高峰，随即缓慢回落；坐果后，需水量快速增加，到膨瓜期达到最高峰值，到转色成熟期需水量急剧回落。

沙壤土中生产西瓜一般浇 1 次底墒水、1 次定植缓苗水、1 次伸蔓水、2～3 次膨瓜水。膨瓜水分别在授粉后 10 天浇 1 次，西瓜拳头大时浇 1 次，西瓜转色前浇 1 次。若是在黏壤土中生产西瓜，则可减少浇水次数和数量。

水分管理一般要求整地后覆膜前浇透低墒水以及定植后浇缓

苗水，每亩水量20～25立方米，其后结合滴灌追肥3次，每次每亩滴灌20～30分钟，每次需水量3～4立方米/亩为宜，湿润深度3厘米，土壤含水量60%～80%。全生育期总浇水量35～40立方米。

3. 水肥管理方案 见表2、表3。

表2 西瓜水肥一体化技术推荐水肥管理方案（基肥）

单位：千克/亩

肥料名称		土壤肥力水平		
		低	中	高
有机肥（二选一）	农家肥	3 500～4 000	3 000～3 500	2 500～3 000
	商品有机肥	450～500	400～450	350～400
氮肥	尿素	7～8	6～7	5～6
磷肥	过磷酸钙	37.5～40	35～37.5	32.5～35
钾肥	硫酸钾	18～20	15～18	12～15

注：使用其他肥料按照肥料氮磷钾养分含量换算。

表3 西瓜水肥一体化技术推荐水肥管理方案（追肥）

单位：千克/亩

肥料名称	施肥期	土壤肥力水平		
		低	中	高
尿素	伸蔓期	4～5	3～5	3～4
	膨瓜初期	6～7	5～6	4～5
	膨瓜中期	4～5	3～5	3～4
硫酸钾	伸蔓期	10～11	10～11	9～10
	膨瓜初期	14～15	13～15	12～14
	膨瓜中期	10～11	10～11	9～10

注：使用其他肥料按照肥料氮磷钾养分含量换算。

（五）经济效益分析

设施西瓜水肥一体化灌溉施肥设备投入1 800元/亩，每年更换一次毛管，每年维护费用约400元/亩，按照主、支管道使用年限为6年，每年折旧费为300元。应用西瓜水肥一体化技术后，植株长势稳健，西瓜产量和品质提高，平均每亩增产200千克，可溶性糖含量提高1%～3%，以西瓜价格2元/千克计，每亩可增收400元；在节本增效方面，每亩减少20立方米水量，节省化肥20千克，节省农药10个包装单位，节水率达到50%，节肥率20%，灌溉、施肥、施药3项合计每亩可节约成本280元；劳动力每亩可节省3～5工，折合人工费300～500元。应用该技术每亩总计增收节支980～1 180元，经济效益显著。

四、西瓜蜜蜂授粉技术

蜜蜂授粉是一项节工省本、提质增效、绿色环保的新技术，在农业生产中具有广阔的应用前景。西瓜等栽培中一般采用人工授粉或喷施氯吡脲等药剂；费工费时，花粉涂抹不均匀还易造成畸形果；氯吡脲属于植物生长调节剂，剂量使用不当易造成果实畸形，影响果实口感风味，而且激素残留可能影响产品质量安全。蜜蜂授粉具有节省人工授粉劳动力成本、降低果实畸形率、避免使用植物生长调节剂、提高西瓜产量、改善果实品质、提高收益。

中小棚是南方地区主要的设施类型，多采用毛竹为骨架，成本低，易拆装，在生产中普遍应用。设施内小环境与自然环境差异很大，彻底改变了蜜蜂生活小气候，采取相应的蜂群管理措施是十分必要的。在设施农业授粉中，为了减少蜜蜂蜂群的损失，同时获得良好的授粉效果，蜂群的饲养管理显得尤为重要。根据中小棚日常管理和蜜蜂生活习性，结合设施环境特点，总结了一套行之有效的设施农业蜜蜂授粉综合管理技术。

（一）优选蜜蜂品种

目前，农作物授粉应用较为广泛的蜜蜂有中华蜜蜂（简称中蜂）、意大利蜜蜂（简称意蜂）和熊蜂，设施西瓜蜜蜂授粉一般选用中蜂或意蜂。中蜂耐低温性较好，节约饲料，善于利用零星蜜粉源，基本不需人工饲喂，管理容易，但分蜂性强；意蜂耐高温性好、管理有一定难度，饲料消耗大，但其性情温顺，分蜂性弱。

一般西瓜多采用早春或秋季栽培，授粉期集中、时间短、棚内温度高，宜选用耐高温性好的平湖意蜂，或选择平湖意蜂的变种——黑浆蜂。黑浆蜂是由于基因变异成为平湖意蜂的一个新蜂种，在耐高温的适应性相同的情况下，黑浆蜂优势明显好于意蜂和中蜂。近年来，选用黑浆蜂做母本，黄色浆蜂为父本的同种异组远亲组培蜂种，采集和授粉积极性非常高。

（二）控制温湿度

蜂群适宜温度是18～28℃，6℃时冻僵，12℃即可出巢访花，高于46℃时死亡，蜂群适宜湿度是75%～80%。温湿度是影响蜜蜂授粉效果的重要环境因素。棚内环境特殊，要营造适宜的温湿度条件，温度尽量控制在18～39℃，湿度控制在30%以上。高温天气时，加大棚内通风降温，打开棚门、侧帘或棚外覆盖遮阳网，保持蜂群良好的通风透气状态；用遮阳网、麦秆、稻草等覆盖蜂箱，并在中午时洒水降温，防止高温对蜂群产生危害。蜂群对空气相对湿度不敏感，适宜空气相对湿度范围是30%～70%，保持合理空气相对湿度，不过干过湿为好。

（三）合适蜜蜂数量

确保每一个蜂箱内有1只蜂王和3筐足蜂（约6 000只蜂）——内置1张封盖子脾、1张幼虫脾、1张蜜粉脾，以确保蜜蜂不断繁衍并逐渐提高耐高温性。蜜蜂授粉的效果主要取决于工蜂的出勤率和工蜂数量。蜂群放置数量太少，达不到授粉的目的；蜂群放置数量太多，造成蜂群浪费，提高了成本，还增加了疏果的工作量。根据设施面积选择合适蜂群数量，一般每亩设施放置1箱蜜蜂，确保蜂箱内有1只蜂王和3张脾蜂（约6 000只蜂），内置1张封盖子脾、1张幼虫脾、1张蜜粉脾，以确保蜂群不断繁衍，保持蜂群数量在合理范围内。

（四）适时放蜂

一般西瓜早春栽培花期在4月初至5月初，秋季栽培花期在8月中旬至9月中旬。蜜蜂生长在野外，习惯于较大空间自由飞翔，成年的老蜂会拼命往外飞，因此授粉前期蜜蜂撞死会较多，但在2～3天后幼蜂会逐渐适应棚内环境，而且蜜蜂也需要时间适应棚内不断升高的温度，因此需要适时放蜂。放蜂最佳时间是西瓜结果枝雌花开放达到5%前5～7天，蜂群入场选择天黑后或黎明前，给予蜂群一定时间适应棚内环境。

（五）合理放置蜂箱

蜂箱放置于大棚中间偏后的位置，巢门向南，与棚走向一致，并垫高箱体防潮（最好距地面约0.4米的干燥处）。蜂箱既可放置于棚内，也可放置于棚外。置于棚内时，因为蜂蜜习惯往南飞，蜂箱放置于大棚偏北1/3的位置，巢门向南，与棚走向一致，放置于平坦地面，保持平稳。若连续阴雨，土壤湿度过大时将蜂箱垫高10厘米，避免蜂箱受潮进水。置于棚外时，将蜂箱置于地块中央，尽量减少蜜蜂飞行半径；若种植面积较大，蜂群可分组摆放于地块四周及中央，使各组飞行半径相重合；授粉期间须打开前后棚门、侧帘供蜜蜂出入，但不利于棚内保温，不适合需要保温的早春栽培授粉。

（六）合理饲喂

1. 引诱饲喂　进棚初期，用沾有花粉的3%白糖水引诱饲喂，使授粉蜜蜂熟悉西瓜花香味。

2. 补充饲喂　平湖意蜂饲料消耗量大，在蜜粉源条件不良时，易出现食物短缺现象。设施内作物面积小、花量少，棚内的西瓜花粉和花蜜量无法满足蜂群生长和繁殖，需用1∶1的白糖浆隔天饲喂1次。

3. 及时补充盐和水　由于设施内缺乏清洁的水源，蜜蜂放进设施后必须喂水。在蜂箱巢门旁放置装一半清洁水的浅碟，每

2 天补充 1 次，高温时每天补充 1 次，另放置少量食盐于巢门旁，每 10 天更换 1 次。

（七）高温预防

高温时，加大棚内通风，打开棚门，或在大棚中上部开通风口，保持蜂群良好的通风透气状态，用遮阳网、麦秆、稻草等覆盖蜂箱，并在中午时洒水降温，降低高温对蜂群的危害。

（八）严格控制农药

蜜蜂对农药是非常敏感的，不能喷施杀虫剂类药剂，杀虫药剂都能杀死蜜蜂，禁用吡虫啉、氰虫腈、氧化乐果、菊酯类等农药。放入蜂群前，对棚内西瓜进行一次详细的病虫害检查，必要时采取适当的防治措施，随后保持良好的通风，待有害气体散尽后蜂群方可入场。如西瓜生长后期需用药，应选择高效、低毒、低残留的药物，喷药前 1 天的傍晚（蜜蜂归巢后）将蜂群撤离大棚，2～3 天药味散尽后再将蜂箱搬入棚内。

（九）经济效益分析

平湖意蜂适合西瓜爬地或立架栽培授粉，一般需要 5 天即可完成授粉工作，按每天 100 元计，人力成本为 500 元。春季 1 箱蜂价格为 360 元，秋季 1 箱蜂价格为 240 元。1 个大棚按放置 1 箱蜜蜂计，春季栽培可节省 140 元，可降低成本 28%；秋季栽培可节省 260 元，可降低成本 52%。而且蜂箱在完成 1 个大棚授粉后，其他处在花期的大棚还可以继续使用，在一定程度上也降低了使用成本，一般可连续使用 2～3 次。另外，由于蜜蜂授粉生产的西瓜绿色、无污染，更易被消费者接受，销售价格一般比喷施激素的西瓜高 1 元/千克，按西瓜每亩产量 2 200 千克算，每亩可增加收入 2 200 元。

五、西瓜轻整枝栽培技术

（一）外源物质辅助轻整枝栽培技术

西瓜外源物质辅助轻整枝栽培技术采用喷施药剂控制植株生

长，调节营养生长与生殖生长的关系，达到减少整枝次数和工作量的目的。宇花灵2号由南宁宇益源农业科技发展有限公司生产，宇花灵2号含助剂（登记证号：农肥准字1623号）具有控制侧芽生长的作用，使营养生长转向生殖生长，节间粗壮，叶片增厚、增绿，提高植株抗病性，雌花多、雄花壮促进果实生长发育和膨大，提高产量，提早成熟。

1. 药剂使用方法

（1）早春栽培药剂使用方法。6片叶时，喷施宇花灵2号400倍液1次，留子蔓的顶端10厘米暂时不喷，只喷瓜苗基部及侧芽；伸蔓期时，每隔7～10天喷1次，连喷施宇花灵2号300倍液3～4次，整株喷施，重点喷施孙蔓芽心；雌花抽生期，在主蔓要封顶控制侧芽生长时，喷施宇花灵2号300倍液1次，整株喷施，重点喷施孙蔓芽心；开花坐果期不喷施；果实鸡蛋大小时，喷施宇花灵2号300倍液1次，整株喷施，重点喷施孙蔓和侧芽芽心。

（2）越夏和秋延后栽培药剂使用方法。越夏和秋延后栽培时，温度较高，植株生长旺盛，需要提高使用浓度。6片叶时，喷施宇花灵2号300倍液1次，留子蔓的顶端10厘米暂时不喷，只喷瓜苗基部及侧芽；伸蔓期时，每隔5～7天喷1次，喷施宇花灵2号200倍液2～3次，整株喷施，重点喷施孙蔓芽心；雌花抽生期，在主蔓要封顶控制侧芽生长时，喷施宇花灵2号200倍液1次，整株喷施，重点喷施孙蔓芽心；开花坐果期不喷施；果实鸡蛋大小时，喷施宇花灵2号200倍液1次，整株喷施，重点喷施孙蔓和侧芽芽心。

2. 田间管理

（1）整枝。采用3蔓整枝，植株4～5片叶时摘心打顶，选留2个健康子蔓。在植株伸蔓期将7节以下的孙蔓抹去，直至开花结果期，不再进行整枝。实行前期整枝、后期轻整枝的方针。开花结果期，将长势较旺的侧枝摘心打顶，以促进坐果。

坐果后及时疏果，去除畸形果和多余果。植株生长后期不再进行整枝。

（2）水肥管理。由于坐果数量较多，需要加大水肥用量。果实膨大期，追施 2 次肥水；在坐果后，每亩滴灌施入宁波龙兴生态科技开发有限公司生产的鑫沃龙高钾型冲施肥 6 千克；在果实膨大到一半时，每亩再滴灌施入鑫沃龙高钾型冲施肥 6 千克；在果实基本成形时，喷施 0.1%～0.2%磷酸二氢钾喷施 2～3 次。通过肥水一体化操作可节省人力 30%。

3. 药剂使用注意事项 喷施时宇花灵 2 号和助剂 1∶1 混配，可在喷施其他药剂时混入使用，以减少喷药次数，节省人工和成本。开花结果期不宜使用该药剂，主要喷施顶芽、侧芽、芽心和叶片。

4. 经济效益分析 使用宇花灵 2 号后，植株叶片变小，侧蔓变短，有利于密植，其产量与常规栽培相当，由于整枝少，枝叶茂密，果实品质往往优于常规栽培。宇花灵 2 号零售价为 50 元/瓶，规格为 500 毫升/瓶，使用成本为 70 元/亩。与常规栽培方式相比，使用宇花灵 2 号后，西瓜每亩可减少整枝时间 30 小时，按人工费为 15 元/时计，采用药剂辅助轻整枝技术西瓜每亩可节省 450 元，节工省本成效明显。

（二）网架栽培技术

嫁接小西瓜可采用网架栽培，省工、安全、优质、高效。这是因为网架栽培后爬蔓面积增加 40%以上，可不用整枝，大大减少了劳动用工，同时改善了通风透光条件，从而减少了病虫害发生的机会。网架栽培的西瓜外表没有阴阳面，外观更漂亮，甜度更高，多雨季节不易裂瓜和烂瓜。因此，网架栽培比常规栽培效益可增加 30%以上。

1. 品种选择

（1）砧木品种。砧木可采用宁波市农业科学研究院选育的小西瓜专用嫁接砧木“甬砧 5 号”，该砧木品种生长势强，根系发达，吸肥力强，耐低温性好，下胚轴粗壮不易空心，不易徒长，有利于嫁接作业，且与小型西瓜嫁接亲和力好，共生性强。砧木种子须经检疫，宜采用干热灭菌处理过的种子（72℃高温处理72小时后自然回水1个月），并用10%磷酸三钠溶液浸种20分钟后清洗干净，以预防种子携带黄瓜绿斑驳病毒。

（2）小果型西瓜品种。小果型红瓤西瓜可选用“拿比特”“秀丽”“小芳”等，小果型黄瓤西瓜可选用“小兰”“京阑”等。

2. 培育健壮嫁接苗　为提高工效，一般采用插接法嫁接。砧木宜提早催芽播种在50孔穴盘中，播种时间可从11月底开始到翌年2月上旬结束，分期分批播种。播前可用55℃温水浸种10～15分钟，边浸泡边搅拌，降至室温后再继续浸泡，西瓜浸泡4～6小时，葫芦砧木浸泡24小时、南瓜砧木浸泡4小时。在砧木顶土时，开始进行西瓜种子催芽，一般较砧木推迟5～10天，西瓜子叶微展开时开始嫁接。嫁接后的前3天应完全遮光，密封棚膜，保持棚内温度25℃以上，湿度95%以上；3天后，保持棚内温度白天22℃，夜间18℃以上，在傍晚至早晨或阴雨天揭去小拱棚上的覆盖物逐渐小量通风换气降湿，接受少量散射光，并逐渐增加见光时间；7天后，只在中午前后强光时遮光，其余时间保持弱光；10天后当新叶发生时，完全揭去覆盖物，并注意避风，及时除去萌芽，按正常苗管理。早春，嫁接苗定植前需炼苗3～5天，并在定植前浇施杀菌剂，预防根腐病及细菌性病害侵入，可用多菌灵可湿性粉剂600倍液或雷米多尔·锰锌可湿性粉剂500倍液，根据天气状况，将穴盘苗浇透即可。

3. 整地作畦，施足基肥　网架西瓜栽培一般采用稀植，需在靠近大棚两边作畦，各定植1行即可。由于网架西瓜爬蔓面积大，有增产潜力，因此基肥宜比爬地栽培多施30%。但嫁接苗生长势旺，宜适当控制氮肥，一般每亩施商品有机肥600千克、含硫三元复合肥（15-15-15）40千克，用开沟机开出上宽40

厘米、深25厘米的施肥沟进行集中沟施，另用含硫三元复合肥（15-15-15）10千克、过磷酸钙25千克畦面撒施，施肥后在靠近棚边起两垄，采用透明或银色地膜覆盖增温保墒。

4. 适期定植，促进缓苗 嫁接育苗为避免砧木苗龄过长，一般要求砧木苗龄控制在45天左右，西瓜有2叶1心时选择晴天及时移栽，定植株距40～60厘米，每亩栽200～300株。特早熟栽培的，大棚要提早覆膜，提高地温，棚内10厘米深土壤温度稳定在12℃以上，棚内平均气温稳定在18℃以上、最低气温不低于5℃，当嫁接苗具2～4片真叶时，抢冷空气过后的晴天及时定植。定植深度以嫁接伤口距地1～2厘米为宜，以免接穗发生不定根形成自根苗。移栽时每株浇定根水250～500毫升，含600倍液的多菌灵及0.3%尿素。网架栽培西瓜移栽后要注意保温防冻，尤其夜间要做好保温工作，避免幼苗受冻，提高根系活力，减少病害侵入。定植后1周内密闭棚膜不通风，棚内白天温度可保持在25～30℃，夜间不低于15℃（如遇极端低温还需采取覆盖无纺布等保温措施）。定植1周后晴天可逐渐打开小棚，通风换气，增加光照，促进幼苗健壮生长。一般晴好天气8：00～9：00开棚，14：00～15：00关棚，以后随着气温的回升，关棚时间也应逐渐推迟。如遇连续多天的阴雨低温天气，还需在中午温度较高时揭去覆盖物见光。早春气温较低，如遇冷空气，可及时进行叶面喷肥，喷施0.3%磷酸二氢钾等，以增加幼苗对磷的吸收，减少秧苗缩头、粗蔓等生理障碍的发生。待幼苗成活后，则应及时施好提苗肥，促早发，天气晴好时要防止高温烧苗，及时打开大棚两头或摇起边膜通风降温。如采用草莓栽培棚栽培，草莓采收阶段套种网架西瓜，西瓜定植期一般宜推迟到3月上旬至4月上旬，此时因外界温度已上升，栽培管理相对简单，但果实采收期要推迟到6月上旬以后。整个生长期要控制好棚内湿度，保持棚内干燥，减轻病害发生，尤其要严防雨季棚内进水。

5. 田间管理

（1）搭拱形架盖网。西瓜爬蔓前可适时在大棚内搭拱形架盖网，网架能增加通风透光性，且便于管理和采摘。根据栽培方式的不同，一般 6 米大棚可搭宽 5.2 米、高 1.8 米的拱形架，钢管拱架间距以 2.5 米为适；如是小竹片搭架的，间距以 1 米为宜。为稳固网架，畦两端的 2 个竹片须交叉对插，再在拱架的顶上横绑小竹竿。采用草莓棚套种的可直接利用原有的内棚架。但不论采用何种网架，都要求爬蔓架和大棚膜之间至少留有 80 厘米的空间，以利于夏天及时散热，防止高温灼伤叶片。在西瓜爬蔓前，拱架上要盖上网片，网线粗细宜为 9 股线，网眼大小为 10 厘米左右，以利于爬蔓吊瓜。

（2）整枝、绑蔓、匀蔓。网架栽培可简化整枝，除主蔓外，可根据植株长势再留 3～5 个健壮侧蔓。当西瓜苗伸蔓到 50 厘米左右时进行引蔓上架，将瓜蔓分别绑扎在竹片或网片上即可，此后西瓜的卷须可附着在网片上自然向瓜架上攀爬，无需固定，瓜蔓将自行均匀地分布在网架上，而小西瓜则通过网孔悬挂于网架内。由于爬蔓面积大，透风透光好，坐果后可不再整枝。

（3）肥水管理。嫁接苗网架栽培生长势较强，应适当减少施肥量，控制氮肥使用量，增施磷钾肥，以防徒长，促进早坐果。生产过程中一般在坐瓜前根据生长势适量追肥，瓜坐稳后追施 1～2 次膨瓜肥，每亩追施含硫复合肥（15－15－15）10 千克、硫酸钾 5 千克。此外，还宜采用滴灌追施含钙的液体冲施肥，并可结合喷药追施含微量元素的叶面肥。

（4）促进坐果。低节位坐果容易造成厚皮、空心、畸形瓜等次品瓜，一般应选在第 10～15 节以后、第二雌花坐瓜，早春气温低，需要进行人工授粉，并辅助以氯吡脲（坐瓜灵）喷子房促进坐果。5 月下旬以后气温升高，可采用放养蜜蜂等辅助授粉措施，以增加坐果率，提高西瓜商品性。坐果后及时做好标记，以利于采摘时对果实成熟度做出正确的判断，同时检查幼瓜是否在网片下方，以免幼瓜长在网片上方或卡在网孔内，影响果实发育及采收。

（5）托果、标记、疏果。幼瓜鸡蛋大小时，进行疏果选瓜，一般每蔓留 1 瓜，选留瓜形较好的瓜，除去畸形瓜，以提高西瓜商品性。幼瓜 250 克左右时用果托托瓜，也可用塑料线捆牢西瓜果柄靠近果实部位，另一端绑在网片上，以防掉落。塑料线可选择多种颜色，每 3 天换一种颜色，以达到标记作用，方便采摘时判断成熟度。

6. 病虫害综合防治 西瓜主要病害有猝倒病、立枯病、蔓枯病、炭疽病、疫病、病毒病等，主要虫害有蚜虫、瓜绢螟、红蜘蛛、潜叶蝇、粉虱、斜纹夜蛾等，应遵循“预防为主，综合防治”的策略，以农业防治为主，优先选用物理防治、生物防治，必要时进行化学防治的无害化治理原则。网架西瓜田间整枝等操作较少，病害相对较轻，比地爬栽培减少用药 50％以上。

7. 适期采收装箱销售 结合试吃，根据西瓜品种特性和授粉后时间判断果实采收适期，一般在授粉后 30 天左右成熟，前期温度低时成熟期稍长。西瓜果实表面花纹清晰、具光泽，果柄基部略有收缩，茸毛稀疏脱落，果脐向内凹陷，以手拍瓜发出浊音的为成熟瓜，而清脆音的为生瓜；也可根据标记的授粉坐果后天数作为采摘标准。网架西瓜由于长在瓜蔓下面，有叶片阻挡阳光直射，果实成熟相比爬地西瓜晚 3～5 天，但糖度比爬地栽培的高些，口感好，且外形漂亮，很适合观光采摘，或以礼品瓜装箱销售。

8. 经济效益分析 与常规爬地栽培相比，网架栽培采光面积可增加 40％以上，效益可增加 30％以上，且具有省工、安全、优质、高效等优点。与吊蔓立架栽培相比，网架栽培可减少搭架、整枝、吊蔓等劳动用工，并且具有改善西瓜通风透光条件、减轻病虫害发生、西瓜表面无阴阳面、外观商品性好、糖度高、多雨季节不烂瓜等优点；且西瓜吊在瓜蔓下方的空中，有效地提高了观赏性，很适合观光采摘。

与常规栽培方式相比，网架栽培每亩可减少整枝时间64小时。按人工费为15元/小时计，每亩可节省960元，节工省本成效明显。网架栽培每亩产量为3 600～4 200千克，效益达1.3万～1.5万元，效益显著提高。

第三章　甜瓜轻简化生产技术

第一节　生物学特性

甜瓜（*Cucumis melo* L.），别名香瓜、果瓜、甘瓜等，为葫芦科甜瓜属一年生蔓性草本植物，是一种重要的世界性水果。甜瓜，顾名思义，以其果实甘甜而著称。李时珍在《本草纲目》中写到，“甜瓜之味甜于诸瓜，故独得甘甜之称”，并认为其具有“止渴、除烦热、利小便”的功效。元·王祯《农书》中赞誉甜瓜为“其肉与瓤，甘胜糖蜜”。甜瓜主要以成熟的果实做鲜果消费，外观美丽，香味浓郁，甘甜爽口，富含糖、淀粉、多种蛋白质、矿物质和维生素，是人们盛夏消暑瓜果中的佳品。此外，厚皮甜瓜还可以用来加工成果汁饮料，发酵酿酒，晾晒瓜干；薄皮甜瓜还可以加工成腌制品或酱制品。

甜瓜在我国广泛栽培，主产区由新疆、甘肃等西部地区逐步扩展到上海、浙江、江苏等华东地区和海南、广西、云南等南部地区。我国按常用的农业生物学分类法，在生产中把甜瓜分为厚皮甜瓜和薄皮甜瓜两大类型。厚皮甜瓜又包括哈密瓜、光皮甜瓜、网纹甜瓜3种类型，主要采用设施爬地或立架栽培，栽培管理较为精细，经济价值高，属高档瓜果；薄皮甜瓜一般指瓜皮可以食用的甜瓜类型，多采用设施或露地栽培，以爬地栽培为主，也可采用立架栽培。厚皮甜瓜在世界各地均有栽培，薄皮甜瓜除中国、日本、印度及少数东亚和南亚国家外，欧美各国很少种植。

一、植物学特性

（一）根

甜瓜根系为直根系，根系发达，入土深，分布范围广，根的吸收能力强，具有较强的耐旱力。主根的分枝性较差，因此二级侧根的数目很少，但二级根和三级根的生长却很发达。根系呼吸能力强，需氧量高，要求土壤通气性良好，不耐湿涝。其生长发育受土壤质地、水分含量、肥力、品种特征特性、整枝方式等栽培管理措施影响。根系好氧，喜疏松、通透性良好的土壤。甜瓜根系再生能力差，易木质化，损伤后不易恢复，在育苗移栽时，应采取一定护根措施，以减少对根系的损伤，切忌损伤植株主根，多采用PVC塑料穴盘或营养钵育苗。就品种特征特性而言，一般厚皮甜瓜的根系较薄皮甜瓜发达。

（二）茎

甜瓜茎蔓生，有棱，分枝能力强，每节叶腋处均可着生侧芽、卷须。茎上密生短刺毛，茎的横切面略成五棱形，茎为绿色。侧枝生长旺盛，往往超过主蔓，因此栽培中甜瓜需通过整枝来保证丰产。卷须纤细，具有一定的攀附能力，立架栽培时往往需要吊蔓。一般厚皮甜瓜的茎蔓较薄皮甜瓜粗。甜瓜主茎上抽生出一级侧枝俗称为子蔓，子蔓叶腋处还可抽生出二级侧枝，俗称孙蔓。厚皮甜瓜多为子蔓、孙蔓结果，薄皮甜瓜多为孙蔓结果。

（三）叶

甜瓜叶片单叶互生，呈圆形、心形或肾形，边缘有锯齿，有浅或深缺刻，具掌状脉，叶柄及主脉具短刚毛，叶片正反面均长有茸毛。叶背气孔多，病菌等异物易侵入，打药和根外施肥时，注意喷叶背，以利植株吸收。不同甜瓜品种的叶片形状大小、叶柄直立状态不同，叶片较小、叶柄直立的品种适合密植，通风透光性较好。哈密瓜品种的叶片一般较大、叶柄多为半直立，光皮甜瓜品种的叶片一般较小、叶柄多为直立。例如，“甬甜5号”

“甬甜7号”“西州密25号”等小哈密瓜品种的叶片较大、叶柄半直立；“银蜜58”“蜜天下”“玉菇”等光皮甜瓜品种的叶片较小、叶柄直立。

（四）花

甜瓜花包括雄花和雌花。生产中甜瓜品种多为雌雄异花同株，雄花单性，雌花多为两性花，也有少数品种的雌花为单性花，只有柱头没有花药，如“金甜王子”。雄花多着生在植株茎节叶腋处，3～5朵簇生或单生，花梗粗糙，被柔毛。雌花多着生在子蔓或孙蔓上，多数单生，主蔓雌花出现得迟而少，故以侧蔓结果为主。甜瓜自花、异花授粉均可，雌雄花均具蜜腺，花粉沉重而黏滞，为典型的虫媒花，需采用人工授粉、蜜蜂授粉或喷施坐果灵。甜瓜为半日花，从6：00～7：00至12：00左右可以正常授粉受精，中午以后雌花柱头分泌黏液后即丧失生活力。人工授粉的最佳时间是在开花后的2小时内，一般应在12：00前完成授粉工作。

（五）果实

甜瓜果实由受精后的子房发育而成。果实的形状、颜色因品种而异，通常为圆形、椭圆形、梨形、圆筒形、纺锤形或长棒形，果皮有平滑、网纹、棱沟、斑纹，果皮色有白色、绿色、黄色或灰色，果肉色有白色、橙色、绿色或红色。甜瓜果实品质至关重要，是果实外观、大小、形状、色泽、果肉糖分、肉质、果肉厚度、肉色和香气浓淡方面的综合体现。但对于甜瓜果实最重要的是糖分含量的高低和香气的有无。多数甜瓜品种成熟时散发香味，薄皮甜瓜品种的香味较为浓郁。一般厚皮甜瓜品种的含糖量高于薄皮甜瓜。多数甜瓜品种的外果皮呈不同程度的木质化，但薄皮甜瓜的外果皮大都可以食用。

（六）种子

甜瓜种子呈白色、黄白色或黄色，扁平，卵圆形或长圆形，先端尖，种皮薄，表面光滑。种子无自然休眠期，成熟后遇适宜的水分和温度条件便可萌发。高质量的种子表现为颜色均匀、饱满、发芽势强。

二、生长发育过程

甜瓜整个生长发育周期大致可划分为发芽期、幼苗期、伸蔓期和结果期4个不同的生育时期。各个生育时期和全生育期的长短因品种特性、栽培季节、温度等环境条件的不同而差异较大。早熟品种全生育期需85天左右，晚熟品种最长的则可达150天以上。同一品种在不同季节或不同地区栽培，由于温度、光照等条件的不同，其全生育期长短也不相同。

（一）发芽期

从种子萌动到子叶展开为发芽期。发芽期的长短主要与温度有关，正常情况下此期为5～10天。甜瓜一般采用浸种催芽，也可直播，但用种量较大。目前，生产中普遍采用育苗移栽的方法。甜瓜发芽期生长量小，此期的管理重点是要保持苗床的温度和湿度在适宜的范围内，为种子出土营造良好的环境条件，保证种子正常发芽。应注意通风降湿，湿度过大易诱发病害，尽量减少浇水次数，浇水时一次性浇透。甜瓜催芽要求25～35℃，适温30℃，多数品种15℃以下不能发芽。

（二）幼苗期

从子叶展开到第五片真叶出现为幼苗期，需15～25天。这一时期的主要特征是，根系的发育超过地上部分茎叶的生长，生长的重心在地下。茎短缩、直立，生长缓慢。此期是花芽分化期，茎端进行着非常活跃的花芽分化。第一真叶出现时顶端即开始花芽分化，幼苗期结束时，茎端约分化20节。最初的花原基具两性，当花原基长0.6～0.7毫米之后才有雄性、雌性或两性花的分化。此期培育的目标是促进植株具备强大的根系和良好的花芽分化。在白天气温30℃、夜间18～20℃、12小时日照的条件下花芽分化早，雌花节位较低。在温度高、长日照条件下，开花的节位较高，花的质量差。此期要创造条件，使幼苗在适宜的环境中生长，定植后浇1次缓根水。注意提高地温，疏松土壤，使幼苗健壮。

（三）伸蔓期

从第五片真叶出现到第一结瓜花开放为伸蔓期，需25～45天。此期植株根、茎、叶生长迅速，花芽进一步分化发育。植株茎节变长，主蔓上各节营养器官和生殖器官继续分化，植株进入旺盛生长阶段。这一时期的特征是植株叶面积不断扩大，茎节不断伸长，侧枝连续抽生。茎叶生长适宜的日温为25～30℃、夜温16～18℃，长时期13℃以下或40℃以上的温度下生长发育不良。根系生长适温22～25℃。管理上要做到促、控结合，既要保证茎叶的迅速生长，又要防止茎叶生长过旺，为开花结瓜打下良好的基础。此期植株生长速度快，生长量大，整枝、绕蔓要及时，以减少养分消耗，促进植株早日开花结果。

（四）结果期

从第一结瓜花开放到果实成熟为结果期。此期是整个栽培过程的关键，植株由营养生长转向生殖生长，雄花不断开放，雌花抽生开放出来，果实受精膨大。此期培育的目标是确保良好的授粉受精条件，抑制营养体的过旺生长，提高坐果率，促进果实膨大。这一时期发育的好坏直接影响到果实的产量和品质。同时，由于叶片衰老，抗性减弱，很容易招致病菌侵害。此期的培育目标是维持一个健康旺盛的营养体系，保持适中的叶面积指数和群体的光合能力，保证充足的水肥供应，以促进果实膨大和成熟。早熟品种为30～40天，中熟品种40～50天，晚熟品种为50～70天。该期可分为结瓜前期、结瓜中期和结瓜后期。

1. 结果前期 从第一结瓜花开放至幼瓜开始迅速膨大，需5～7天。甜瓜开花前后子房细胞急剧分裂，花后5～7天细胞开始膨大，果实开始迅速膨大。植株营养生长量达最大值。此期植株由茎叶生长为主开始逐步转为以幼瓜生长为主。管理的重点是促使植株坐瓜，防止落花、落瓜。果实鸡蛋大小时，及时追施膨果肥1次，采用水溶性好的高钾型冲施肥为宜，用量为5千克/亩。

2. 结果中期 从幼瓜迅速膨大到停止增大。植株既要维持一定的营养生长量，又需要大量的同化产物用于果实的膨大，植株体内的代谢过程发生了深刻的变化。这时植株总生长量达到最大值，日增长量最高，以瓜的生长为主，营养生长减缓。结瓜中期末，果实重量可达成熟果实的80%以上。此期是产量形成的关键时期。管理重点是加强肥水管理，保证有充足的水分和养分供给幼瓜生长。果实快速膨大时，及时追施膨果肥1次，采用水溶性好的高钾型冲施肥为宜，用量为5千克/亩。

3. 结果后期 从瓜停止膨大至成熟。此期植株的根、茎、叶生长逐渐停滞，果实基本定形，果重可达全株重的70%。果实成熟过程中，其硬度、比重、颜色、营养成分和生物化学特性发生显著变化：幼果时果实呼吸作用最强，随着果实膨大，呼吸强度下降，进入成熟期呼吸作用再度增强，出现“呼吸高峰”；坐果后，果实全糖含量缓慢增加，结果后期蔗糖含量急速增加，最后占全糖的60%～70%；叶黄素、胡萝卜素、茄红素逐渐显现而使果实具有各种颜色。这一时期的主要特征是：瓜的含糖量不断增加，叶绿素逐渐消失，瓜呈现出品种特有的色泽、网纹、香气、风味等，硬度开始下降。管理上要保叶促根，防止茎叶早衰或感病；控制浇水，降低土壤湿度，以提高瓜的风味和品质。结果期对温度要求严格，以日温27～30℃、夜温15～18℃为宜，昼夜温差13℃以上为好，同时要求充足日照。这样有利于果实营养物质的积累。

三、对环境条件的要求

（一）温度

甜瓜喜温耐热，不耐寒冷，遇霜即死。其生长适宜的温度，白天为26～32℃，夜间为15～20℃。甜瓜对低温反应敏感，白天18℃、夜间13℃以下时，植株发育迟缓，其生长的最低温度为15℃。10℃以下停止生长，并发生生育障碍，即生长发育异常，7℃以下时发生亚急性生理伤害，5℃条件下8小时以上便可发生急性生理伤害。甜瓜对高温的适应性强，在35℃条件下生育正常，40℃仍保持较高的光合作用。

甜瓜不同器官的生长发育对温度的要求有所不同，茎叶生长的适温范围为22～32℃，最适昼温为25～30℃，夜温为16～18℃。根系生长的适宜温度22～25℃，根毛发生的最低温度为14～15℃。甜瓜根系生长的最低温度为10℃，最高为40℃，14℃以下、40℃以上时根毛停止发生。为使植株根系正常生长，生育的前半期地温应高于25℃，后半期应高于20℃，18℃以下即有不良影响，若土壤冷凉且水分过多，植株根毛易变褐，导致幼苗死亡，这在冬春栽培育苗中容易发生。果实膨大时以昼温30～35℃、夜温20℃左右为宜，较高的温度有利于果实的膨大，较大的昼夜温差有利于果实糖分的积累。

甜瓜不同生育阶段对温度要求也有明显差异。种子发芽的适温为28～32℃，最低温度为16～18℃，浸泡3～4小时后的种子在30℃条件下16小时即可萌动。在25℃以下时，种子发芽时间长且不整齐，温度越低，出苗时间越长，同时还可能出现烂种、死苗现象。甜瓜种子在低于15℃的条件下一般不发芽。因此，必须在10厘米地温稳定在15℃以上时才能直播或定植。幼苗生长的适宜温度为白天25～30℃，夜间18～20℃。幼苗期的温度高低直接影响甜瓜的坐果和着花节位，较低的温度，特别是较低的夜温有利于结实花的形成，降低结实花的节位，增加结实花的数量。开花坐果期的适温为28℃左右，夜温不低于15℃，15℃以下会影响甜瓜的开花授粉，35℃以上、10℃以下时对甜瓜的开花坐果极为不利。膨瓜期以白天30～35℃、夜间15～18℃为宜，保持13℃以上的昼夜温差有利于果实的发育和糖分的积累。

甜瓜茎、叶的生长和果实发育均需要有一定的昼夜温差。茎叶生长期的温差为10～13℃，果实发育期的温差为13～15℃。昼夜温差对甜瓜果实发育、糖分的转化和积累等都有明显影响，昼夜温差大，植株干物质积累和果实含糖量高；反之则积累少，含糖量低。

（二）光照

甜瓜是喜光性作物，生育期内在光照充足的条件下才能生育良好。光照不足，植株生长发育受到抑制，果实产量低、品质低劣。甜瓜的光饱和点为5.5万～6.0万勒克斯，光补偿点一般在4 000勒克斯。光照不足时，幼苗易徒长，叶色发黄，生长不良；开花结果期光照不足，植株表现为营养不足、花小、子房小、易落花落果；结果期光照不足，则不利于果实膨大，且会导致果实着色不良，香气不足，含糖量下降等。甜瓜对光照强度的要求在品种间有较大的差异，适于早春保护地栽培的品种一般对弱光有一定的适应性。

甜瓜正常生长发育需10～12小时的日照，日照长短对甜瓜的生育影响很大。当每天有12小时的光照时，植株形成的雌花多；每天光照达14～15小时时，植株生长快，侧蔓发生早；而当每天光照少于8小时，植株生长发育不良，生长瘦弱，光合产物减少，坐果困难，果实生长缓慢，含糖量和风味降低。南方地区在早春栽培育苗时，常遇到低温、阴雨、寡照天气，且持续时间往往比较长，日照时间短、光照弱，甜瓜植株和果实生长速度缓慢，生育期延长，产量和品质均受影响。一般应选择耐低温弱光性较好的品种，同时保持大棚塑料薄膜干净透明，苗期可利用LED灯、高压钠灯等对幼苗进行人工补光。

（三）空气湿度

甜瓜生长发育中较适宜的空气相对湿度为50%～60%。在空气干燥的地区栽培的甜瓜甜度高，香味浓；在空气潮湿的地区栽培的甜瓜，水分多，味淡，品质差。长时期的空气高湿度将使植株生育不良，且易诱发各种病害。在高温、高湿的条件下，这种危害就更加严重。甜瓜在开花坐果前适应较高的空气湿度，但坐果后对高湿环境的适应性减弱。

设施栽培甜瓜时，棚内的湿度一般都偏高，很容易引起蔓枯病、白粉病、霜霉病等病害的发生。因此，在栽培中，可采用全地膜覆盖，大棚覆盖长寿无滴膜，严格控制浇水次数和浇水量，浇水后及时通风散湿，浇水前喷药防病等措施加以预防。

（四）土壤水分

甜瓜需水量较大而又耐旱。一方面，甜瓜叶片蒸腾量较大，生长快，生长量大，茎叶繁茂，蒸腾作用强，一生中需消耗大量水分；另一方面，又具有发达的根系，根群在土壤中分布深而广，具有较强的吸水能力，能够充分利用土壤中的水分。但极不耐涝，土壤水分过多时，往往由于根系缺氧而窒息死亡或易感病害。

甜瓜的不同生育期对土壤水分的要求是不同的。幼苗期应维持土壤最大持水量的 65%，伸蔓期为 70%，开花坐果期为 70%，果实膨大期为 80%～85%，结果后期为 55%～60%。甜瓜果实膨大期是甜瓜一生中需水量最大的时期，充足的水分供应能够促进细胞的分裂和膨大，特别是花后 7～25 天是关键时期，缺水对甜瓜果实品质的影响非常明显。幼苗期和伸蔓期土壤水分适宜，有利于根系和茎叶生长。在雌花开放前后，土壤水分不足或空气干燥，均可使子房发育不良。但水分过大时，也会导致植株徒长，易化瓜。果实膨大期是甜瓜对水分的需求敏感期，果实膨大前期水分不足，会影响果实膨大，导致产量降低，且易出现畸形瓜；后期水分过多，则会使果实含糖量降低，品质下降，易出现裂果等现象。大棚栽培甜瓜中多采用地膜覆盖，地膜具有很好的保墒作用，因此浇水次数可适当减少。

（五）土壤

甜瓜根系强壮，吸收力强，对土壤条件的要求不高，在沙土、沙壤土、黏土上均可种植，但以疏松、土层深厚、有机质丰富、肥沃疏松、通气良好的沙壤土为最好。沙质壤土早春地温回升快，有利于甜瓜幼苗生长，果实成熟早，品质好。但沙壤土保水、保肥能力差，有机质含量少，肥力差，植株生育后期容易早衰，影响果实的品质和产量。黏性土壤一般肥力好，保水、保肥能力强，在黏性土壤上栽培甜瓜，生长后期长势稳定。沙质土壤种植甜瓜，在生长发育的中后期要加强肥水管理，增施有机肥，改善土壤的保水、保肥能力；还要注意控制肥水，以免引起植株徒长。

甜瓜对土壤酸碱度的要求不甚严格，但在 pH 6～6.8 条件下生长最好。酸性土壤容易影响钙的吸收而使叶片发黄。甜瓜的耐盐性也较强，在轻度盐碱地上种植甜瓜，会增加果实的蔗糖含量，有利于提高品质，但在含氯离子较高的盐碱地上生长不良。甜瓜比较耐瘠薄，但增施有机肥，肥料合理配比，可以实现高产优质。

（六）矿质营养

甜瓜对矿质营养需求量大，从土壤中可大量吸收氮、磷、钾、钙等元素。矿质元素在甜瓜的生理活动及产量形成、品质提高中起着重要的作用。供氮充足时，叶色浓绿，生长旺盛；氮不足时，则叶片发黄，植株瘦小。但生长前期若氮素过多，易导致植株疯长；结果后期植株吸收氮素过多，则会延迟果实成熟，且果实含糖量低。缺磷会使植株叶片老化，植株早衰。钾有利于植株进行光合作用及原生质的生命活动，施钾肥能促进光合产物的合成和运输，提高产量，并能减轻枯萎病的危害。钙和硼不仅影响果实糖分含量，而且影响果实外观。钙不足时，果实表面网纹粗糙，泛白；缺硼时，果肉易出现褐色斑点。甜瓜对矿质元素的吸收高峰一般在开花至果实停止膨大的一段时间内。施肥时既要从整个生育期来考虑，又要注意施肥的关键时期，基肥与追肥相结合。在播种或定植时施入基肥，在果实膨大期及时追肥。为满足甜瓜对各种元素的需要，基肥主要施用含氮、磷、钾丰富的有机肥、硫酸钾型三元复合肥（15－15－15）；追肥尽量追施水溶性好的高钾型冲施肥。尤应注意在果实膨大后不再施用速效氮肥，以免降低含糖量。另外，在甜瓜栽培中，铵态氮肥比硝态氮肥肥效差，且铵态氮会影响含糖量，因此生产中应尽量选用硝态氮肥。

甜瓜为忌氯作物，不宜施用氯化铵、氯化钾等肥料，也不能施用含氯农药，以免对植株造成不必要的伤害。

（七）环境因子的相互关系

甜瓜生长环境中的温度、光照、水分、土壤和营养等因子是密切联系、互相制约的。其表现为：

1. 对温度的需求因光照强弱而不同 晴天光照强时光合作用强，要求较高的温度，但温度过高又会增加呼吸消耗；阴天时光照弱，光合作用受到限制，要求温度较低，若温度高有时会使净光合率急剧下降，以致得不偿失。

2. 对水分的需求因温度而异 在温度低，特别是地温低时，根系吸水力弱，植株蒸腾作用也差。所以，保护地冬春茬栽培和露地早春栽培时，浇水都不能太多，否则不仅会影响到根系的生命活动，有时还会出现沤根等不良后果。光照强，温度高时，植株地上、地下活动明显加快，茎叶激烈的蒸腾作用需要及时补充水分，以满足需要。

3. 追肥需要与水分供应结合起来 温度高，植株吸水多，光合作用旺盛时，必须保证土壤营养的供应。追肥必须结合浇水，以水调肥。

综合以上可以看出，甜瓜保护地栽培，都要以光照为核心，“以光照定管理温度，以温度定肥水管理的频率和强度”，从而使环境条件的诸因子间、环境与甜瓜生长发育之间能够得到最大限度的协调，从而实现甜瓜栽培的稳产、高产、优质和低耗。

四、栽培茬口

南方地区甜瓜种植一般采用大、中、小棚多层覆盖栽培，无辅助加温设施。根据外界温度，多在棚内加设1～2层小拱棚，小拱棚下覆盖地膜，以增加棚内温度。中小棚具有结构简单、建造容易、投资小的特点，是目前南方地区甜瓜栽培应用最普遍、面积最大的形式。

（一）冬春茬栽培

11月中旬至12月下旬播种，翌年1月上旬至2月中旬定植，收获期为3月中旬至5月中旬，6月上旬拉秧。广东、广西、云南、福建、海南在10～11月播种育苗，翌年3～5月上市供应。

（二）早春茬栽培

1月上旬至2月下旬播种，2月中旬至3月下旬定植，4月中旬至5月下旬采收。

（三）越夏栽培

4月上旬至5月上旬播种，4月下旬至5月下旬定植，7月上旬至8月下旬采收。

（四）秋延后栽培

播种期多为7月下旬至8月中旬，8月上旬至8月下旬定植，收获期为10月下旬至11月中旬左右。广东、广西、云南、福建、海南在7～8月播种育苗，果实膨大期在10～11月，翌年1～2月采收，春节期间上市，经济效益明显。

第二节 品种选择

一、根据栽培茬口选择品种

（一）冬春茬栽培

应选择耐低温、早熟、糖度积累快、耐湿、耐弱光、抗叶部病害、果实中等大小的品种，如“银蜜58”“蜜天下”“玉菇”

“西薄洛托2号”“沃尔多”等。

（二）早春茬栽培

应选择较耐低温、早熟、风味好、耐湿、耐弱光、抗叶部病害、果实中等大小的品种，如“银蜜58”“蜜天下”“玉菇”“西薄洛托2号”“沃尔多”“甬甜5号”“东方蜜1号”“西州蜜25号”等。

（三）越夏栽培

应选择耐高温、风味好、抗性好的品种，如“甬甜7号”“丰蜜29”“甬甜8号”“甬甜22”“甬甜281”等。

（四）秋延后栽培

应选择品质佳、风味优、抗性好的品种，如“甬甜5号”“丰蜜29”“西州密25号”“丰蜜29”等。

二、厚皮甜瓜主要栽培品种简介

厚皮甜瓜生长势强，蔓粗壮，叶色浅，叶面光滑，多为雄花两性花同株，对环境条件要求严，喜干燥、炎热、大温差和强日照。果型较大，单果重一般1.0～5.0千克，果肉厚，果皮厚而粗糙，去皮而食。果实形状、皮色、表面特征和果肉色泽等十分多样化。

（一）“甬甜5号”

由宁波市农业科学研究院蔬菜研究所选育而成，优质小哈密瓜品种。果实椭圆形，白皮橙肉，细稀网纹，平均单果重约1.6千克；中心糖度约15.0%，肉质细腻，风味佳，品质优；中熟，春季全生育期约105天，秋季全生育期约90天，果实发育期38～42天；生长势强，较抗蔓枯病，不易裂果；适宜早春和夏秋茬栽培。

（二）“甬甜7号”

由宁波市农业科学研究院蔬菜研究所选育而成，优质小哈密瓜品种。果实椭圆形，果皮白色，果肉浅橙色，中密网纹，平均单果重约1.8千克；中心糖度约15.0%，松脆可口，香味浓郁，口感佳。中熟，全生育期95～110天，果实发育期约42天；生长势强，耐高温性好，坐果率高，不易裂瓜，抗病抗逆性突出；适宜早春、越夏和夏秋茬栽培。

（三）“东方蜜1号”

由上海市农业科学院选育而成，优质小哈密瓜品种。果实椭圆形，白皮橙肉，果皮光滑，平均单果重约1.6千克；中心糖度约15.0%，肉质脆，品质优；早中熟，果实发育期35～40天；生长势强，较易裂果，生长后期注意加强水分管理；入口后喉部易发痒，不宜多食；适宜冬春茬和早春栽培。

（四）“丰蜜29”

由宁波市农业科学研究院蔬菜研究所选育而成，优质小哈密瓜品种。果实椭圆形，果皮灰绿色，覆有细密网纹，平均单果重约1.6千克，果肉橙色，中心糖度约16.0%，肉质清甜松脆，风味佳；早中熟，果实发育期35～40天；生长势强，抗性较好，果面网纹美观，不易裂果；适宜早春和夏秋茬栽培。

（五）“西州密25号”

由新疆维吾尔自治区葡萄瓜果开发研究中心选育而成，优质小哈密瓜品种。果实椭圆形，果皮灰绿色，覆有细密网纹，平均单果重约1.9千克，果肉橙色，中心糖度约16.0%，肉质松脆可口，风味佳；中熟，果实发育期为37～42天；生长势强，抗性较好，较抗白粉病，果面易开裂；适宜冬春茬、早春和夏秋茬栽培。

（六）“翠蜜4号”

由湖南省瓜类研究所选育而成，优质小哈密瓜品种。果实椭圆，果形大，果皮墨绿色，果肉橙色，果面覆细密网纹，平均单果重约3.2千克，果肉厚约4.0厘米，果肉可食部分多；中心糖度约14.5%，肉质脆甜，口感好；抗病性较强，耐低温性好；适宜早春和夏秋茬栽培。

（七）“银蜜58”

由宁波市农业科学研究院蔬菜研究所选育而成，优质光皮甜瓜品种。果实高圆形，光皮，白皮白肉，果形整齐，商品率高，平均单果重1.5～2.0千克；中心糖度约15.0%，肉质中脆，清甜爽口，口感佳；早熟，果实发育期33～40天；生长势中强，耐低温性好，坐果率高，果型端正美观，不易裂瓜，抗病抗逆性较好；适宜冬春茬和早春栽培。

（八）“蜜天下”

由农友种苗（中国）股份有限公司生产，优质光皮甜瓜品种。果实高圆形，光皮，白皮绿肉，果形整齐，商品率高，平均单果重约1.7千克；中心糖度约16.0%，肉质软，口感佳。早熟，果实发育期约38天；生长势强，耐低温性好，坐果率高，果型端正美观，不易裂瓜，抗病抗逆性较好；适宜冬春茬和早春栽培。

（九）“沃尔多”

由杭州三雄种苗有限公司引进，优质光皮甜瓜品种。果实高圆形，白皮白肉，平均单瓜重1.7千克左右，果肉厚3.2厘米左右；中心糖度约15.5%，肉质软而多汁，香味浓郁，果型美观，果实品质好；植株长势较强；适宜冬春茬和早春栽培。

（十）“苏甜1号”

由江苏省农业科学院蔬菜研究所选育，优质光皮甜瓜品种。果实椭圆形，白皮白肉，果面光滑无网纹，平均单瓜重1.7千克左右，果肉厚4.5厘米左右；中心糖度约15.8%，果实品质好，商品性高；植株长势强；适宜冬春茬和早春栽培。

（十一）“西博洛托”

由上海惠和种业有限公司引进，优质光皮甜瓜品种。果实高圆形，白皮白肉，平均单果重1.5～2.0千克；中心糖度约15.5%，肉质软，口感佳；早熟，果实发育期35～40天；生长势强，耐低温性好，坐果率高，果型端正美观，不易裂瓜，抗病抗逆性较好；入口后喉部易发痒，不宜多食；适宜冬春茬和早春栽培。

（十二）“玉菇”

由农友种苗（中国）股份有限公司生产，优质光皮甜瓜品种。该品种植株长势较强，株形紧凑；果实高圆形，白皮白肉，平均单瓜重1.6千克左右，果肉厚3.3厘米左右；中心糖度约15.5%，肉质软糯，风味佳；早熟，耐低温性好；适宜冬春茬和早春栽培。

（十三）“甬甜105”

由宁波市农业科学研究院蔬菜研究所选育而成，优质光皮甜瓜品种。果实椭圆形，黄皮白肉，果面光滑，平均单果重约2.0千克；中心糖度约15.0%，口感较脆、肉质细腻；早熟，果实发育期35～38天；株型紧凑，耐低温性较好，果型大，商品性好，综合抗性较强；适宜冬春茬和早春栽培。

（十四）“三雄5号”

由浙江美之奥种业有限公司引进，优质光皮甜瓜品种。果实高圆形，黄皮白肉，果面光滑，覆白色细绒毛；平均单瓜重2.2千克左右，果肉厚4.4厘米左右，中心糖度14.5%左右，果肉具清香味、品质佳；早熟，果实发育期35天左右；株型紧凑，长势较强，坐果性好；适宜冬春茬和早春栽培。

（十五）“白银蜜2号”

由宁波丰登种业科技有限公司生产，优质光皮甜瓜品种。果实椭圆形，光皮，白皮白肉，平均单果重1.5～2.0千克，果形整齐，商品率高；中心糖度15.0%左右，肉质脆，细腻爽口，口感佳；中熟，果实发育期约40天；生长势强，果型端正美观，不易裂瓜，抗病抗逆性较好；适宜早春和夏秋茬栽培。

（十六）“哈翠”

由浙江美之奥种业有限公司生产，优质小哈密瓜品种。果实椭圆形，果皮黄绿花皮，无网纹，果肉白色；平均单瓜重 2.0 千克左右，果肉厚 2.5 厘米左右，中心糖度 12.5%左右，肉质脆爽，甜度适中，口感好；株型开展，植株长势强；适宜早春和夏秋茬栽培。

（十七）"夏蜜"

由浙江勿忘农种业公司生产。该品种株型开展，植株长势强；果实椭圆形，果皮墨绿色，网纹中密，果肉白绿色；平均单瓜重 1.9 千克左右，果肉厚 3.4 厘米左右，中心糖度 17.0%左右，果肉中脆，糖度高，甜而不腻，品质佳；田间表现中抗蔓枯病；适宜早春和夏秋茬栽培。

三、薄皮甜瓜主要栽培品种简介

薄皮甜瓜株型小，茎蔓细，叶色深，雌雄异花同株或雄花两性花同株；生态适应性好，耐弱光、潮湿；果型小，平均单果重 200～800 克，果实梨形、圆筒形或圆球形，果皮光滑，薄而可食，果柄短，果肉薄（常小于 2.5 厘米），肉质或脆或软。

（一）"甬甜 8 号"

由宁波市农业科学研究院蔬菜研究所选育而成，早熟薄皮甜瓜品种。果实梨形，白皮白肉，平均单果重 0.3～0.6 千克；中心糖度 13.0%以上，松脆可口，香味浓郁，口感佳；果实发育期约 32 天；长势稳健，坐果率高，每蔓结果 3～4 个，抗病抗逆性强，易于栽培。

（二）"甬甜 22"

由宁波市农业科学研究院蔬菜研究所选育而成，优质薄皮甜瓜品种。果实梨形，果皮绿色，果肉绿色，平均单果重 0.4～0.7 千克；中心糖度约 14.0%，肉质脆，香甜可口；果实发育期约 34 天；长势稳健，易坐果，每蔓结果 3～4 个；商品性高，不易裂瓜，抗病抗逆性强。

（三）“甬甜 281”

由宁波市农业科学研究院蔬菜研究所选育而成，优质早熟薄皮甜瓜品种。果实梨形，果皮黄绿色，果肉白绿色，平均单果重0.3～0.6千克；中心糖度约13.0%，香味浓郁，酥甜可口；果实发育期约33天；长势稳健，每蔓结果3～4个；不易裂瓜，抗病抗逆性强。

（四）“甬越 1 号”

由宁波市农业科学研究院蔬菜研究所选育而成，属厚薄皮杂交类型甜瓜品种。果实圆筒形，白皮橙肉，平均单果重1.2千克左右；中心糖度约10.0%，肉质脆、香味浓郁；果实发育期约31天。生长势强，每蔓结果3～4个，抗性较强。

（五）“黄子金玉”

浙江、上海、安徽等长江中下游地区的主栽品种之一。果实椭圆形，成熟果金黄色，果肉白色，果面有棱沟；极易坐果，平均单株可坐果3～4个，平均单果重1.2千克，肉厚3.0厘米，中心可溶性固形物含量12%～14%；肉质脆爽，风味香甜纯正；植株长势强、抗病能力强、易栽培、早熟，适合保护地和露地栽培。

（六）“亭雪 1 号”

由上海市金山区农业技术推广中心选育，是薄皮甜瓜一代杂种。果实矮梨形，成熟后果皮乳白色，果面覆10条浅黄色隐条带，果肉白色，平均单果重300～400克，果肉厚约1.8厘米；中心糖度约13.5%，肉质细嫩松脆，香味浓郁，口感风味佳；果实发育期约30天；植株长势强，综合抗逆性好，适合春、秋季保护地或越夏露地栽培。

（七）“海东青”

浙江、上海地区优良地方品种。果实为梨形，绿皮绿肉，果面覆10条棱沟，果实较大，平均单果重约560克，果肉厚2.0厘米；中心糖度约13.0%，肉质脆，有鲜味，口感好；长势较强，偏晚熟，抗性好，果皮较韧，耐储运性较好。

（八）“黄金蜜翠”

江苏省农业科学院蔬菜研究所选育的薄皮甜瓜品种。果实长圆筒形，果皮金黄色，果肉白色，果面光滑，无棱沟，果肉厚约2.0厘米；中心糖度11.5%～12.0%，气味芳香，风味独特；全生育期75天，雌花开放后28天成熟；较耐储运。

（九）“青酥”

合肥丰乐种业股份有限公司生产，是薄皮甜瓜杂交1代新品种。果实梨形，果皮绿色有隐绿条带，果面光滑，果肉绿色，平均单瓜重约500克，果肉厚约2.0厘米；中心糖度约13.0%，糖度梯度小，肉质脆酥，香味较浓；果实发育期约30天；植株长势强，易坐果，适宜保护地和露地种植。

（十）“银宝”

合肥丰乐种业股份有限公司选育的杂交薄皮甜瓜新品种。果实梨形，果皮白色，果面光滑，果肉白色，腔较小，剖面好，平均单瓜重400克左右，果肉厚2.2厘米左右；中心糖度12.5%左右，糖度梯度小，肉质脆酥，香味较浓；全生育期90天左右，果实发育期32天左右；植株长势强，抗逆性强，较少发生病毒病。

（十一）“美都青皮绿肉”

上海菲托种子有限公司生产的中晚熟薄皮甜瓜品种。果实梨形，果皮和果肉均为浅绿色，果面光滑，平均单果重350克左右；中心糖度约13.5%，质地甜脆，口感佳；适宜南方地区春秋季设施栽培。

第三节　甜瓜轻简化栽培技术

一、甜瓜嫁接育苗与嫁接栽培技术

目前，嫁接技术已在我国西瓜生产中大面积推广应用，而甜瓜嫁接栽培尚处于起步阶段。日本、韩国甜瓜生产中采用嫁接栽培所占比例高达90%，已普遍采用嫁接技术，但我国甜瓜嫁接技术的应用比例尚不足5.0%。嫁接可以一劳永逸地解决连作障碍、枯萎病等土传病害问题，是甜瓜产业发展的方向，具有很大的发展潜力。连作障碍发生严重、不能选择换地或轮作的地块适宜发展甜瓜嫁接栽培。

（一）品种选择

1. 接穗选择　甜瓜嫁接接穗宜选用优质、早熟的当地主栽品种，如“甬甜5号”“东方蜜1号”“丰蜜29”“翠蜜4号”“银蜜58”“玉菇”“沃尔多”“西博洛托2号”“西州密25号”“甬甜22”“甬甜8号”等品种。

2. 砧木选择　甜瓜嫁接用砧木主要有南瓜砧和甜瓜本砧，要求砧木品种必须具备亲和性好、抗病性强、对产量和品质无影响等特性。南瓜砧是目前甜瓜嫁接的主要类型，抗性强，生长势强，对甜瓜果实品质影响较小，嫁接难度小；甜瓜本砧属野生甜瓜，与甜瓜亲和力强，不影响甜瓜口感和果实风味，适应性广，嫁接难度大。目前，用于甜瓜嫁接的砧木品种主要有“甬砧8号”（南瓜砧）、“新土佐”（南瓜砧）、“圣砧1号”（南瓜砧）、“甬砧9号”（甜瓜本砧）、“世纪星”（甜瓜本砧）等。

（二）确定播期

砧木和接穗播种期的确定主要取决于砧木种类和嫁接方法。甜瓜嫁接主要有插接、靠接等方法。嫁接的方法不同，要求的苗龄不同，播种期也不一样。

1. 插接法/劈接法　要求先播种砧木，再播接穗。南瓜砧木应较接穗早播3～4天，砧木第一片真叶显现时为嫁接适期。砧木过于幼嫩的苗，下胚轴较细，嫁接时不易操作；砧木过大的苗，因胚轴髓腔扩大中空而影响成活，且易造成接穗在砧木下胚轴内产生不定根而导致窜根。接穗以两片子叶展平为佳。

2. 靠接法　要求先播种接穗，再播砧木。当两种瓜类幼苗茎粗相近时即可嫁接，砧木嫁接适期以第一片真叶显现为宜。一般南瓜砧木较接穗迟播 8～10 天。夏季嫁接育苗时由于温度高，幼苗生长较快，可缩短砧木和接穗的播种时间。

（三）嫁接苗的培育

嫁接成活率的关键是操作人员的技术水平，要认真、心细、手轻、切口整齐，砧穗形成层密切贴合，这样嫁接苗易成活。

1. 浸种催芽 采用温汤浸种，将种子放入盛有 55℃温水的容器内，放置 30 分钟，用手搓掉种子表面的黏液，把水倒掉。之后，换上 30℃左右温水浸种，甜瓜浸种 2 小时，南瓜浸种 4 小时，然后捞出种子放在湿润的干净毛巾中。将种子置于 28～30℃条件下催芽，可用发芽箱、纸箱加灯泡调温，也可采用放入人体贴身口袋的方法催芽，当 70%的种子露白时即可播种。

2. 砧木和接穗苗的培育 育苗基质宜采用专用的瓜类育苗基质，也可采用无菌的营养土。砧木一般采用穴盘或营养钵育苗，播种时一孔一籽。接穗一般采用平盘育苗，播种密度为株行距均为 1 厘米。播种后盖基质或营养土，并覆地膜或小拱棚保温。冬春季育苗需要电加温线辅助加温，播种后苗床应保持较高的温度，一般昼温 25～28℃，夜温不低于 12℃。当有幼苗破土时及时揭去地膜，揭膜要在下午或傍晚进行，早晨揭膜易使秧苗因失水而死亡。幼苗出土后要降低温度防止徒长，保持白天22～25℃，夜间 16～18℃。控制浇水，尤其是嫁接前 1～2 天，水分过多易导致砧木下胚轴变脆，嫁接时下胚轴易劈裂，从而降低成苗率。

播种后到揭膜前应特别注意，如晴朗天气，小拱棚或地膜中气温可达 50℃以上，稍一疏忽会灼伤幼苗或幼芽。因此，要经常观察苗床温度，高于 30℃时要及时通风或遮阳。

3. 嫁接方法的选择 瓜类嫁接方法主要有插接、靠接和劈接。插接法技术易掌握，工效高，成活率高，应用较为广泛，但成活过程管理要求严格。靠接法嫁接成活率高、成活过程管理简单，但嫁接方法较复杂，嫁接效率较低，在早春低温季节和夏秋高温季，采用靠接法成活率高。劈接法因接口处维管束发育不平衡，容易造成劈裂，影响嫁接苗发育，应用较少。嫁接用的工具，应在前一天准备好，主要有剃须刀片、竹签、嫁接夹等。

（1）顶插接法。首先将砧木的生长点用刀片去掉，用一端渐尖且与接穗下胚轴粗度相近的竹签，从除去生长点的砧木的切口上，靠一侧子叶朝着对侧下方斜插一个深1厘米左右的孔，深度以不穿破下胚轴表皮，隐约可见竹签为宜。再取接穗苗，用刀片在距生长点0.5厘米处，向下斜削，削成一个长1厘米左右的楔形。然后拔出竹签，随即将削好的接穗插入砧木的孔中，使砧木子叶与接穗紧密贴合，同时使砧木子叶和接穗子叶呈“十”字形，接好后用嫁接夹固定。

（2）靠接法。用竹签将两种苗子从苗床中取出，先去除砧木苗的顶心，从子叶下方1厘米处，自上向下呈30°角下刀，割的深度为茎粗的一半，最多不超过2/3，割后轻轻握于左手，再取接穗苗从子叶下方2.5厘米处，自下而上呈30°下刀，向上斜割一半深，然后两种苗子对挂住切口，立即用嫁接夹夹上，随后栽入嫁接苗床。嫁接中应注意以下几点：①幼苗取出后，要用清水冲掉根系上的泥土。②嫁接速度要快，切口要嵌合紧密，夹住接穗茎的一面，刀口处一定不能沾上泥土。③嫁接好的苗子要立即栽植到营养钵或育苗穴盘内，栽植时不能埋住嫁接夹，嫁接苗的两条根都要轻轻按入泥土中，用土填平。

整个嫁接过程均应无菌操作，应将砧木和接穗进行药剂杀菌处理。晴天嫁接时，需要进行遮阳，嫁接后应及时将苗放入保温、保湿、遮阳的小拱棚内，以免接穗萎蔫而影响成活率。对于生长较快的砧木如“新土佐”等，嫁接时应切除2/3的根系。

4. 嫁接苗管理　嫁接后的管理，主要以避光、加湿、保温为主。嫁接后，放入苗床内，用塑料薄膜严密覆盖3～4天，用小喷雾器喷水，每天数次，保持小拱棚内相对湿度达到90%以上。棚内温度要求昼温24～26℃，夜温18～20℃。3天后早晚适当通风，两侧见光，中午喷雾1～2次，保持较高的湿度；7天后只在中午遮光，10天后恢复正常管理，及时去除砧木萌芽。

（1）温度。为了促使伤口愈合，嫁接后应适当提高温度。因为嫁接愈合过程中需要消耗物质和能量，嫁接伤口呼吸代谢旺盛，提高温度有利于这一过程的顺利进行。但温度也不能太高，否则呼吸代谢过于旺盛，消耗物质过多、过快，而嫁接苗小，嫁接伤害使嫁接苗同化作用弱，不能及时提供大量的能量和物质而影响成活。嫁接后3～5天，白天保持24～26℃，不超过30℃；夜间保持18～20℃，不低于15℃，3～5天后开始通风降温。

早春栽培温度低，多采用电加温线和多层薄膜覆盖相结合的方法来保温。晴天时注意通风，积极做好苗期病害的预防工作。

（2）湿度。嫁接后使接穗的水分蒸发量控制在最小限度，是提高成活率的决定因素。嫁接前育苗基质要保持水分充足；嫁接当日要密闭棚膜，使空气湿度达到饱和状态，不必换气；4～6天逐渐换气降湿；7天后要让嫁接苗逐渐适应外界条件，早上和傍晚温度较高时，逐渐增加通风换气时间和换气量，换气可抑制病害的发生；10天后注意避风并恢复普通苗床管理。

（3）通风。嫁接后4天起开始通风，初始通风量要小，以后逐渐加大，一般9～10天后进行大通风。通风换气时，若发生接穗萎蔫，应密闭小拱棚停止通风，并适当喷雾保湿。

（4）遮阳。苗床必须遮阳，嫁接苗可接受弱散射光，但不能受阳光直射。嫁接苗的最初1～3天，应完全密闭苗床棚膜，并上覆遮阳网或草帘遮光，使其微弱受光，以免高温和直射光引起萎蔫；3天后，早上或傍晚撤去棚膜上的覆盖物，逐渐增加见光时间；7天后在中午前后强光时遮光；10天后恢复到普通苗床的管理。注意：如遮光时间过长，会造成嫁接苗的徒长，降低嫁接苗质量。阴天可以不遮阳。

（5）及时断根除萌芽。靠接苗10～11天后可以给接穗苗断根，用刀片割断接穗苗接口以下的茎和根，并随即拔除。嫁接时，砧木的生长点虽已被切除，但在嫁接苗成活生长期间，在子叶节接口处会萌发出一些生长迅速的不定芽，与接穗争夺营养，影响嫁接苗的成活。因此，要及时切除这些不定芽，保证接穗的健康生长。切除时，切忌损伤子叶及摆动接穗。

（6）病虫害防治。高温高湿条件下，嫁接苗易发生立枯病或蚜虫等，要注意防治病虫，可以在喷雾加湿时用75%百菌清可湿性粉剂800倍液，或50%多菌灵可湿性粉剂1 000倍液防治。

（四）定植

1. 炼苗　早春定植前5～7天炼苗。选择晴暖天气，结合浇水，喷1次防病药剂，然后揭除覆盖物和薄膜，增加通风量，降低温度，适当抑制幼苗生长，增强抗逆性。炼苗期间，如有低温或大风，应加盖覆盖物。炼苗视幼苗素质灵活掌握，壮苗可少炼或不炼，嫩苗则逐步增加炼苗强度。

2. 壮苗标准　早春苗龄40天左右、真叶2～3片，夏秋季苗龄15天左右、真叶1～2片，可出圃定植。叶色浓绿，子叶完整，接口愈合良好，节间短，幼茎粗壮。

3. 适当稀植　甜瓜嫁接栽培较自根栽培长势强，植株健壮，要适当增大株距。立架栽培一般为50厘米，行距为70厘米，每穴1株；爬地栽培一般为60厘米，行距为150厘米，每穴1株。

4. 防止自生根　定植时接口部位应高出地面1厘米左右，栽植不宜深，以防止接穗生根，使抗病性降低，在田间要及时抹去砧木萌发的枝芽。

（五）嫁接甜瓜田间管理

1. 植株调整　采用苗期整枝和开花结果期茎蔓摘心的方法，减少整枝次数和工作量，以达到轻简化的目的。摘除侧枝时，以生长点长约2厘米时，留1厘米摘去侧枝为宜。过早摘除小侧枝会抑制根系生长，过大摘除又消耗养分。坐果后，可陆续摘除基部老叶，能够减少养分消耗，改善通风，防止病害发生。

单蔓主蔓整枝：苗期不摘心，留主蔓；单蔓子蔓整枝：苗期摘心，留1条健壮子蔓；双蔓整枝：嫁接苗3～4片真叶时摘心，选留2条健壮子蔓，其余子蔓及时摘除；三蔓整枝：嫁接苗4～5片真叶时摘心，选留3条健壮子蔓，其余子蔓及时摘除；四蔓整枝：嫁接苗5～6片真叶时摘心，选留4条健壮子蔓，其余子蔓及时摘除。

（1）厚皮甜瓜。立架栽培多采用单蔓主蔓整枝；爬地栽培多采用双蔓整枝，也可采用单蔓主蔓整枝。厚皮甜瓜一般每蔓留1～2果，瓜后留2片叶摘心。

（2）薄皮甜瓜。以爬地栽培为主，爬地栽培多采用双蔓、三蔓或四蔓整枝；立架栽培多采用双蔓或单蔓留子蔓整枝。薄皮甜瓜一般每蔓留3～4果，瓜后留2片叶摘心，品种间留果数量有差异。

2. 温度管理　早春栽培时，温度是制约甜瓜生长的重要因素，采用“大棚＋中棚＋小拱棚”的方法保温。多层薄膜覆盖是南方地区常用的保温措施，随栽培时间的推移，可适当减少拱棚薄膜的层数。

3. 肥水管理　铺设简易滴灌带，采用水肥一体化技术。嫁接苗生长旺盛，可适当减少基肥的用量。在施足基肥的基础上，要根据植株长势灵活追肥，重施膨瓜肥。基肥用量为商品有机肥300千克、硫酸钾型三元复合肥（15-15-15）40千克、过磷酸钙20千克、硼肥0.5千克；膨果期追施高钾型冲施肥两次，每次用量为5千克/亩，每10天喷施叶面肥1次，以防止植株早衰。随嫁接年限增加，有机肥施用量也应适当增加，以增强植株抗病能力。

4. 坐果　甜瓜适宜坐果节位为10～12节。若多批采收，头批瓜坐果节位可降低到6～8节，第二批瓜适宜坐果节位为13～15节。幼果鸡蛋大小时，及时疏果，去除畸形果和多余果。

5. 病虫害防治　甜瓜嫁接能有效防治枯萎病等土传病害，

但仍会出现白粉病、霜霉病、蔓枯病、蚜虫、粉虱等病虫害。进入结果中后期，做好预防工作，及时防治。

二、甜瓜长季节栽培技术

甜瓜长季节栽培分为大棚特早熟避台风长季节栽培和大棚越夏长季节栽培两种类型。大棚特早熟避台风长季节栽培采用大棚配合多层覆盖、连续结果的栽培模式，一般 4 月上旬第一批瓜采收上市，可避开台风影响连续采收 2～3 批瓜；大棚越夏长季节栽培采用地膜下铺设滴管、大棚全地膜覆盖、连续结果、连续采收的栽培模式，一般 5 月中旬始收，可连续采收 4～5 批瓜。甜瓜长季节栽培具有较高的经济效益。

（一）品种选择

大棚特早熟避台风长季节栽培宜选择早熟、耐低温性好、不易早衰、连续坐果性好、低温弱光条件下瓜能正常膨大成熟、品质优、抗性好的品种，如“银蜜 58”“蜜天下”“玉菇”“沃尔多”等品种。大棚越夏长季节栽培宜选择较早熟、耐高温性好、不易早衰、连续坐果性好、综合抗性较强、不易产生发酵果的脆肉型甜瓜品种，如“甬甜 7 号”“丰蜜 29”“甬甜 5 号”“西州密 25 号”“黄皮 9818”等品种。

（二）种植地准备

1. 土壤选择 宜选择有机质丰富、通透性好、土层深厚、排灌方便的沙质壤土，最好是非重茬田块，采用水旱轮作。

2. 整地作畦 深翻土壤，一般每亩要求施腐熟有机肥 1 000 千克或商品有机肥 600 千克，硫酸钾型三元复合肥（15-15-15）50 千克、农用硫酸钾 10 千克、硼砂 1 千克、过磷酸钙 30 千克，其中有机肥大部分翻地时撒施，少部分有机肥与化肥混合后开沟施入，作畦后浇透底水，然后整细耙平，及时覆膜，并将大棚膜盖严，以增加棚温和土温，有利于定植活棵。甜瓜长季节栽培采取爬地栽培，对宽 8 米的标准塑料大棚，一般作 3 条宽畦，畦宽（连沟）2.5～3.0米，畦沟深25～30厘米，畦面中间高、两侧低，呈龟背状。南方地区雨多易涝，一般采用深沟高畦形式栽培，栽培时必须作高畦或高垄，并且在畦间与瓜地四周挖深沟以利排水。作好畦后铺设滴灌带，然后全畦覆盖地膜，可用废旧薄膜、稻草、木屑等覆盖，防止水分蒸发。

（三）培育壮苗

1. 浸种催芽 种子用50～55℃温水浸种，并不断搅拌，水温自然冷却，浸种2.5～3.0小时，用湿毛巾将种子分层包好，置于28～30℃环境下催芽。20～26小时后露出胚根，待70%以上种子露白、芽长1～2毫米即可播种。

2. 播种育苗 甜瓜大棚特早熟避台风长季节栽培技术的关键首先要确定播种期和采用保温好的设施。一般采用3棚5膜（即“大棚＋中棚＋小棚＋无纺布”或“遮阳网＋地膜”）覆盖，11月下旬至12月上旬播种，于1月定植，4月上旬第一批瓜可上市，可连续采收2～3批瓜，持续到7月初。

大棚越夏长季节栽培采用地膜下铺设滴管、大棚全地膜覆盖连续结果的栽培模式，1月下旬播种，2月下旬定植，5月中旬始收，可连续采收3～4批瓜。

播种育苗必须采用温床育苗。采用基质穴盘育苗，利用电加温线辅助加热。基质可购买育苗专用基质，也可自主配制营养土。营养土一般用未种过瓜类作物的大田土配制，每立方米营养土添加过磷酸钙1.5千克、硫酸钾0.5千克或三元复合肥（15-15-15）1.5千克。营养土在混合前先行过筛，然后均匀混合。播种前1天，应通电预热以提高苗床土温和棚温，基质或营养土拌水后装入穴盘。选择50孔穴盘，使用前3天对穴盘进行消毒。苗床宜选择大棚中部，苗床畦面低于地面5～7厘米，然后将土块整细耙平铺设电加温线，在加温线上覆盖一层塑料薄膜，以有利于保温和提高地温。播种时，应先在穴盘中间挖1厘米左右深的小孔，最好采用育苗穴盘打孔器打孔，然后将种子平放在小孔内，芽朝下。播种后穴盘覆0.5～1.0厘米厚的拌有1%代森锌或多菌灵的基质或营养土，平铺1层薄膜，搭建小拱棚，盖好大棚和2层小拱棚棚膜。

3. 苗床管理　从播种到出苗，需昼夜加温，土温应控制在白天25～30℃，夜间17～20℃。催芽种子播于苗床后3～4天即可出苗，30%出苗后及时揭去薄膜。控制浇水次数，浇水时一次性浇透。一般应保持土下层潮湿，表土干燥，当叶片出现轻度萎蔫时浇水。苗期管理要注意防止病害发生，并加强温湿度管理。播种到幼苗出土，棚内应保持较高温度，促使早出苗、出齐苗。定植前，要加强通风，降低温度、环境湿度和土壤含水量，特别是加强夜间通风降温，逐步缩小与定植后的环境差异。移栽前7天，切断电源炼苗。苗龄35～40天，2叶1心时定植于大棚中。宜选择生长一致，叶色深绿、茎秆粗壮、节间短而不徒长、侧根较多的适龄壮苗适时移栽。

（四）适时定植

1. 定植时间　一般在1月底至3月上中旬，抢“冷尾暖头”的晴天上午定植。棚内保持土层10厘米深度的地温稳定在15℃以上，最低气温不低于13℃。

2. 定植密度　甜瓜长季栽培采用爬地栽培，每畦种1行，选择大棚中部的畦面一侧定植，株距50厘米，每亩栽600～800株，双蔓整枝，每株留2瓜。

3. 定植方法　定植前5～7天，在苗床上可用40%多菌灵800倍液、75%百菌清500～700倍液，加上0.2%～0.3%磷酸二氢钾或尿素进行叶面喷施，做到带肥、带药、带土移入大田。甜瓜长季节栽培生长周期长，加之浙江地区土壤较黏重，定植时需采用营养土护根栽培，确保根系生长良好。定植前3～5天盖上棚内小拱棚膜保温预热。定植宜选择晴天上午进行，先用制钵器按预定距离在畦面中间破膜打孔，将幼苗栽在孔内，注意苗钵四周及底部不留任何空隙，应用细土填实，稍稍压紧，但不要把营养钵挤碎，用细土将薄膜开口处封严。种植深度为育苗钵面与畦面相平，将定植孔压好，然后浇足定根水（每500千克定根水中加入50%多菌灵可湿性粉剂0.8千克），并马上盖好小拱棚保温。

（五）田间管理

1. 温度 定植后，采用高温高湿管理措施，闷棚7天左右，加快缓苗。以后逐渐开始中午通风，调节棚温在25～30℃。此期天晴时，小拱棚在日出后2小时棚温开始回升后揭开，下午日落前3小时盖好，保持一定的温度，有利于提高夜间的温度。总之，前期气温低，以保温为主，后期气温升高，以降低棚内温度为主。3月下旬以后，气温逐渐升高，应逐步加大通风量，直至撤除小拱棚。当进入开花坐果期，应保持棚温25～28℃。白天晴天时，在大棚肩部放风，随外界气温升高，不断加大通风量，5月上旬以后，夜间可不闭通风口，夏季侧棚膜及棚两头应揭开通风，9月后再减少通风保温，促进坐果。越夏栽培前期要保温，使植株适应高温环境，夏季中午温度过高时要遮阳降温，同时要尽量减少整枝，防止高温早衰。

2. 肥水管理 甜瓜不同发育阶段，对水分需求不同，幼苗期要少，伸蔓期和开花期要够，果实膨大期要足，成熟期要少。南方地区雨水较多，地下水位较高，在整地浇透底水后，整个生长期一般不需要浇水。为防止甜瓜裂瓜，应重视排水工作，四周开好排水沟，做到沟沟相通，三沟配套。一般早晨太阳升起甜瓜叶片有吐露即证明不缺水。伸蔓期若植株缺水，进行滴灌补水即可，适宜土壤湿度为70%～80%；授粉期土壤湿度维持在50%～60%；幼果开始膨大，特别是幼果鸡蛋大小时为灌水适期，适宜土壤湿度为80%～85%，可结合追肥灌水，节省人工成本。

在施足基肥的情况下，在每批瓜鸡蛋大小时，每亩追施高钾型可溶性肥5千克；在每批瓜快速膨大时，每亩追施高钾型可溶性肥5千克。在采收结束后，每亩施入恢复肥三元复合肥（15-15-15）20千克，加水至500千克，用滴灌法施入。在果实成熟期，可结合喷农药，每次加0.3%的磷酸二氢钾和0.1%的钙、镁微量元素叶面喷施。果实成熟前10天停止浇水，保持较低土壤湿度，有利于果实含糖量和品质的提高。

3. 整枝　整枝贯穿甜瓜长季节栽培田间管理的全程，其目的是塑造一个枝蔓和叶片分布合理、株间通风透光良好、营养生长和生殖生长转换适时的高光能效能的植株，以达到优质、高产、高效的目的。植株摘心节位和坐瓜预留节位的高低，应根据植株生长势来决定，生长势强、叶片大，摘心节位适当降低，坐瓜预留节位也相应降低1～3节。整枝应在晴天进行，同时配合用药防病，以利伤口愈合，减少病菌感染。摘除侧枝时，以生长点长约2厘米时留1厘米摘去侧枝为宜。过早摘除小侧枝会抑制根系生长，过大摘除又消耗养分。若植株易早衰，可在结果节位以上保留1～2条无效侧蔓。坐果后可陆续摘除基部老叶，能够减少养分消耗，改善通风，防止病害发生。

甜瓜长季节栽培采用双蔓整枝法，当甜瓜幼苗3～4片真叶时即进行主蔓摘心，子蔓长出后选留2根最健壮的子蔓，其余子蔓全部摘除。子蔓不摘心，及时抹去非结果枝孙蔓。甜瓜应及时整枝，前紧后松，5天一次。及时摘除下部老叶、黄叶、病叶，每生长5～6片新叶摘除下部一片老叶。整枝摘叶应选晴天，利伤口愈合，同时喷药防治。

大棚特早熟避台风长季节栽培采用双蔓整枝，第一批瓜选取子蔓上第8～10节的孙蔓留瓜，带有雌花的孙蔓雌花前留1～2叶摘心，无雌花的孙蔓尽早摘除。果实鸡蛋大小时疏果，每蔓留1个瓜，选取果形周正且无病虫害的幼果。第一批瓜膨大结束后，马上进行第二批瓜授粉，坐果节位为第18～20节，保证每蔓新坐果1个。第二批瓜膨大结束后，马上进行第三批瓜授粉，坐果节位为第28～30节。两子蔓38片叶打顶，以后每批瓜膨大结束时结合整枝，去除老叶、病叶。若植株茎蔓长到大棚边缘或畦沟时，可将藤蔓绕回畦面。

大棚越夏长季节栽培采用双蔓整枝，第一批瓜选取子蔓上第8～10节的孙蔓留瓜，第一批瓜膨大结束后，马上进行第二批瓜授粉，坐果节位为第18～20节，保证每蔓新坐果1个。第三批瓜坐果节位为第28～30节，第三批瓜采收结束后，将前3批的坐果侧蔓剪除，从子蔓基部新抽生的枝条选择长势健壮的1条侧蔓，第四批瓜选择新留侧蔓8～10节坐果，第四批瓜膨大结束后，进行第五批瓜授粉，第五批瓜坐果节位为第18～20节。新留侧蔓30片叶打顶。夏季温度高，植株以养藤蔓为主，放任生长，不进行整枝。若植株茎蔓长到大棚边缘或畦沟时，可将藤蔓绕回畦面。

4. 授粉 采用蜜蜂授粉，宜选择中蜂和意蜂，非授粉期间将蜂箱撤离大棚。第一批瓜提倡9～11节留果。一般开花授粉时期选择9～11节的带雌花的孙蔓2～3条，待果实长到鸡蛋大小时，根据各果实的长势及发育情况综合判断每蔓选留其中1个。第二批瓜及以后坐果一般控制在每蔓结1个瓜。坐果成功后，可在幼果下面铺设5厘米的稻草或塑料瓜垫，同地面分离。当第一批瓜进入后熟期，开始选留第二批瓜，以此类推。

5. 病虫害防治 病虫防治尤其是病害防治是关系到甜瓜保护地长季节栽培能否成功最为关键的环节。坚持早发现、早防治的原则，坚持预防为主、综合防治的植保方针，坚持农业防治、生物防治与化学防治相结合的原则。推广应用低毒、低残留农药，交替使用，严格执行安全间隔期。

甜瓜长季节栽培应注意白粉病、蔓枯病、霜霉病、病毒病、枯萎病等病害防治。防治病害的措施：一是降低棚内湿度，主要通过加强通风、控制浇水、棚内地面覆盖地膜等措施来实现；二是勤检查，一旦发病及时防治。

白粉病用36%硝苯菌酯乳油1 500倍液，或42.8%氟菌·肟菌酯悬浮剂1 000倍液，或10%苯醚甲环唑水分散粒剂1 500倍液，或15%三唑酮可湿性粉剂1 000～2 000倍液，或43%戊唑醇3 000倍液，或40%氟硅唑乳油5 000～6 000倍液，或4%四氟醚唑水乳剂1 500倍液等喷雾防治，隔7～10天喷施1次；蔓枯病发病初期喷施80%代森锰锌可湿性粉剂600倍液，或25%咪鲜胺乳油2 500倍液，或56%嘧菌·百菌清悬浮剂1 000倍液，或42.8%氟菌·肟菌酯悬浮剂1 000倍液，或20.67%恶酮·氟硅唑乳油2 000～2 500倍液，或68.75%噁铜·锰锌水分散粒剂1 000倍液，或将70%甲基硫菌灵可湿性粉剂、72%甲霜·锰锌可湿性粉剂、72%农用链霉素可湿性粉剂混合后药液涂抹；霜霉病可选用72%霜脲·锰锌可湿性粉剂1 000～1 500倍液，或72%甲霜·锰锌可湿性粉剂1 000～1 500倍液，或60%锰锌·氟吗啉可湿性粉剂800～1 000倍液，或80%大生M-45可湿性粉剂600～800倍液，或64%噁霜·锰锌可湿性粉剂600～800倍液，或68.75%易保水分散粒剂1 500倍液等喷雾防治，隔7～10天喷施1次；病毒病以防治烟粉虱、蚜虫为主，零星发病及时拔除病株，药剂可用20%病毒A 500倍液，绿亨病毒液800倍液等防治，也可用芸薹素促进细胞分裂；枯萎病可用恶霉灵800倍液，五氯硝基苯800～1 000倍液，敌克松800～1 000倍液灌根，每株灌药250毫升。

甜瓜生长过程中，要注意预防的害虫有蚜虫、烟粉虱、红蜘蛛、潜叶蝇等。防治害虫最有效的方法是用防虫网进行隔离，平时要勤检查、早防治。蚜虫、粉虱类可用25%噻虫嗪水分散粒剂2 500～5 000倍液，或20%呋虫胺可湿性粉剂1 500倍液，或10%烯啶虫胺水剂2 000倍液，或8.5%甲维·吡丙醚乳油1 500倍液，或20%啶虫脒可溶性液剂5 000倍液，或1%甲维盐乳油2 000倍液，或5%吡虫啉可湿性粉剂1 500倍液防治，注意交替用药；红蜘蛛用24%螺螨酯悬浮剂4 000倍液，或10.5%阿维·哒螨灵乳油 2 000～2 500 倍液，或 5%唑螨酯悬浮剂 2 000 倍液，或 5%氟虫脲乳油 1 000～2 000 倍液，或 57%炔螨特乳油 2 000～3 000 倍液，或 1.8%阿维菌素乳油 1 500～2 000 倍液等喷雾防治，5～7 天喷 1 次，重点对植株嫩叶背面、嫩茎、花器等部位喷洒；潜叶蝇掌握在幼虫 2 龄前，于上午露水干后喷药防治，可用 75%灭蝇胺可湿性粉剂 4 000 倍液，或 5%氟虫脲乳油 1 000～2 000 倍液，或 5%阿维·高氯乳油 1 500 倍液，或 1.8%阿维菌素乳油 2 000 倍液等交替防治。

6. 采收 甜瓜应适时采收，根据品种的特征特性及授粉时间，当结果枝叶片的叶肉失绿，叶片变黄，呈现缺镁症状，即预示着果实即将进入成熟采收期。一般于 9 成熟时采收，两头带叶剪下，以利于在销售和暂时储存过程中促进成熟，提高果实的品质。采收时要选在清晨露水干后或傍晚。

（六）经济效益分析

甜瓜大棚特早熟避台风长季节栽培可连续采收 2～3 批瓜，第一批瓜 4 月上旬上市，亩产量约 1 500 千克，产值约 12 000 元，效益最好；第二批瓜 5 月中下旬上市，亩产量约 1 600 千克，产值约 8 000 元；第三批瓜 6 月下旬至 7 月初上市，亩产量约 1 000 千克，产值约 5 000 元。每亩产值合计 25 000 元。

大棚越夏长季节栽培可连续采收 4～5 批瓜，第一批瓜 5 月中旬上市，亩产量约 1 800 千克，产值约 9 000 元；第二批瓜 6 月中下旬采收，产量 1 600 千克，产值约 4 800 元；第三批瓜 7 月中下旬上市，亩产量约 1 200 千克，产值约 3 600 元；第四批瓜在 8 月底 9 月初上市，亩产量约 1 200 千克，产值约 2 400 元；第五批瓜在 10 月上中旬采收，亩产量约 1 200 千克，产值约 3 600元。整个生长季节，每亩产量产值合计 23 400 元。

三、甜瓜水肥一体化技术

水肥一体化技术在发达国家农业中已得到广泛应用，目前我国甜瓜生产中以传统灌溉为主，水肥一体化为辅，但水肥一体化应用面积在迅速扩大，将逐步发展为主流灌溉模式。大水漫灌造成的后果是土壤透气性差，地温低，易积苗，返苗慢，湿度大，极易发生病害，而且费水、费肥、费工。特别是简易水肥一体化技术，与传统灌溉施肥相比，具有投资少、适应性广、设备维护简单、对肥料的要求较低等特点，在生产中应用较为普遍。

（一）适用范围

水肥一体化技术适宜于已建设或有条件建设微灌设施，有水井、水库、蓄水池等固定水源，且水质好、符合微灌要求的区域推广应用，适应性广，一般采用膜下滴灌技术。一般要具备滴灌设备、施肥设备、储水设施、水质净化设施等。

（二）整地施肥

基肥一般每亩要求施商品有机肥 400 千克，硫酸钾型三元复合肥（15－15－15）40 千克，过磷酸钙 30 千克。其中，有机肥翻地时撒施，复合肥和过磷酸钙混合后 2/3 撒施，1/3 开沟施入，然后整地作畦。

（三）铺管覆膜

输水管网一般采用三级管网，即主管、支管和滴灌带。主管是输水主管道，连接支管道。支管带选用直径 4 厘米或 5 厘米的聚乙烯塑料（PE）管，滴灌带选用直径 16 毫米、厚度 0.4 毫米规格。支管横贯于棚头或中间位置，滴灌带纵贯大棚铺设于种植行。支管带与滴灌带之间通过旁通阀连接，单侧滴灌带长度控制在 50～55 米。种植前按照规划和甜瓜种植规格，将滴头与甜瓜根部对应，滴灌带上方铺膜，然后将膜两边压实，膜宽可根据种植规格以及露地或设施选择。

（四）安装滴灌施肥系统

不同的微灌施肥系统应当根据地形、水源、作物种类、种植面积进行选择。甜瓜保护地栽培一般选择文丘里施肥器、压差式施肥罐或注肥泵，有条件的地方可以选择自动灌溉施肥系统。动力装置一般由水泵和动力机械组成，根据扬程、流量等田间实际情况选择适宜的水泵。给水动力泵可选用750瓦单相微型自吸泵（流量为5.5吨/小时）或3 000瓦的三相轴流泵（流量为12.5吨/小时）。1台750瓦水泵的输水量及输水压可同时供2～3个[45米×（6～8）米]大棚滴灌，1台3 000瓦水泵可同时供8～12个大棚滴灌。肥料可以定量投放在田头蓄水池，溶解后随水直接入田，也可在施肥罐内制成母液，通过文丘里施肥器连接到供水系统随水入田。

（五）选择合适肥料

追施的化肥必须使用全溶性产品，不能有沉淀和分层，要求肥料杂质较少、纯度较高，溶于水后不会产生沉淀。常用的可溶性肥料有氨水、硫酸铵、碳酸氢铵、硝酸铵、尿素、硫酸钾等可溶性肥料，应避免使用颗粒状复合肥。液态肥可以不搅拌，固态的肥料需要搅拌成液肥，灌溉前要将水肥溶解液中的有机沉淀物过滤出去，以免引起灌溉系统的堵塞。补充磷素一般采用磷酸二氢钾等可溶性肥料做追肥。追肥补充微量元素肥料，一般不能与磷素追肥同时使用，以免形成不溶性磷酸盐沉淀，堵塞滴头或喷头。注意水肥混合溶液中可溶性盐浓度（EC值）控制在0.5～1.5毫西门子/厘米，不超过3.0毫西门子/厘米。甜瓜施肥忌氯，因此不能使用含氯可溶性肥料，还要注意防止氨气产生的气害。

（六）水肥管理

1. 甜瓜需肥特点及要求 甜瓜整个生育期需氮、磷、钾肥比例约为2∶1∶3，钾肥最多，氮肥次之，磷肥最少。甜瓜苗期、伸蔓期需氮肥较多，开花结果期植株由营养生长逐步转向生殖生长，需磷肥逐渐增多，果实膨大期需钾肥较多。在伸蔓期，宜追施含氮量高的大量元素水溶肥；在果实膨大期，宜追施含钾量高的大量元素水溶肥。根据不同生长发育阶段养分吸收比例，掌握轻施提苗肥、巧施伸蔓肥、重施膨瓜肥的原则。

2. 甜瓜需水特点及要求 甜瓜的不同生育期对土壤水分的要求是不同的，在整个生育期内，果实膨大期为需水高峰期。幼苗期，需水量小；到伸蔓期和开花坐果期逐步增加；坐果后进入果实膨大期，需水量快速增加，此期需水量达到最高峰值；到转色成熟期需水量急剧回落。幼苗期适宜土壤湿度为65%～70%，伸蔓期适宜土壤湿度为70%～80%，开花坐果期土壤湿度维持在50%～60%，果实膨大期适宜土壤湿度为80%～85%，结果后期适宜土壤湿度为55%～60%。

甜瓜果实膨大期是甜瓜一生中需水量最大的时期，充足的水分供应能够促进细胞的分裂和膨大，特别是花后7～25天是关键时期，缺水对甜瓜果实品质的影响非常明显。果实膨大期是甜瓜对水分的需求敏感期，果实膨大前期水分不足，会影响果实膨大，导致产量降低，且易出现畸形瓜；后期水分过多，则会使果实含糖量降低，品质下降，易出现裂果等现象。

南方地区沙壤土生产甜瓜一般浇1次底墒水，1次定植缓苗水，1次伸蔓水，2～3次膨瓜水。膨瓜水分别在果实鸡蛋大小时浇1次，果实拳头大时浇1次，果实成形时浇1次，可与追肥相结合。若是在黏壤土中生产甜瓜则可减少浇水次数和数量。果实成熟前15天停止浇水，以利于提高糖度和品质。

3. 施肥与灌水量确定 氮磷钾比例、总施肥量及底肥、追肥的比例，应根据地块的肥力水平、种植作物的需肥规律及目标产量，确定合理的微灌施肥制度。由于微灌施肥技术和传统施肥技术存在显著的差别，微灌施肥的用肥量为常规施肥的50%～60%。整地前施入底肥，追肥次数和数量则按照不同作物生长期的需肥特性而确定，这样实施微灌施肥技术可使肥料利用率提高40%～50%。

灌水定额根据种植作物生育期的降水量和作物的需水量确

定。保护地滴灌施肥的灌水定额应比大棚畦灌减少30%~40%。灌溉定额确定后，灌水时期、次数和每次的灌水量应当依据降水情况、作物需水规律及土壤墒情而定。

4. 滴灌施肥操作 微灌施肥的程序有一定的先后顺序。先启动泵机，用清水湿润系统和土壤，再灌溉肥料溶液，最后还要用不含肥的清水清洗灌溉系统，以免肥料在系统管网中残留而引起肥料堆积和微生物滋生，进而造成灌溉系统堵塞，无法正常运转。施肥时要掌握剂量，控制施肥量，以灌溉流量的0.1%左右作为注入肥液的浓度为宜，比例需要严格掌控，过量施用可能会使作物致死以及环境污染。正确的施用浓度，如灌溉流量为50立方米/亩，注入肥液应为50升/亩。固态肥料需要与水充分混合搅拌成液态肥，确保肥料溶解与混匀，而施用液态肥料时也要搅动或混匀，避免出现沉淀堵塞出水口等问题。

5. 水肥运筹方案 根据甜瓜长势、需水、需肥规律、天气情况、温度、实时土壤水分、肥力状况，以及甜瓜不同生育阶段、不同生长季节的需水和需肥特点，按照平衡施肥的原则，调节滴灌、追肥水量和次数，使甜瓜不同生育阶段获得最佳需水、需肥量（表4、表5）。整地覆膜前浇透底水，一般每亩滴灌量应在20~22立方米；苗期在定植后浇一次透水，一般每亩滴灌量应在2~3立方米，肥料以氮肥为主，适当配施磷、钾肥，使土壤充分湿润，促进新根发生，提高成活率；伸蔓期滴灌1次，用水量为3~4立方米/亩，在施足基肥的条件下，此期可不追肥；坐果期在果实鸡蛋大小以后，滴灌1次，用水量为7~8立方米/亩，结合滴水，每亩随水冲施高钾型可溶性水溶肥8千克。果实膨大中期，滴灌1次，用水量为3~4立方米/亩，结合滴水，随水冲施高钾型可溶性水溶肥6千克/亩。采收前15天，为防止裂瓜、烂瓜及提高甜瓜甜度，停止灌水。

表4　甜瓜水肥一体化技术推荐水肥管理方案（基肥）

单位：千克/亩

肥料名称		土壤肥力水平		
		低	中	高
有机肥（二选一）	农家肥	3 000～3 500	2 500～3 000	2 000～2 500
	商品有机肥	450～500	400～450	350～400
氮肥	尿素	16～18	13～15	10～12
磷肥	过磷酸钙	38～40	35～37	32～34
钾肥	硫酸钾	21～23	18～20	15～17

注：使用其他肥料按照肥料氮磷钾养分含量换算。

表5　甜瓜水肥一体化技术推荐水肥管理方案（追肥）

单位：千克/亩

肥料名称	施肥期	土壤肥力水平		
		低	中	高
尿素	伸蔓期	5～6	4～5	3～4
	膨瓜初期	4～5	3～4	2～3
	膨瓜中期	4～5	3～4	2～3
硫酸钾	伸蔓期	5～6	4～5	3～4
	膨瓜初期	10～11	8～9	6～7
	膨瓜中期	10～11	8～9	6～7

注：使用其他肥料按照肥料氮磷钾养分含量换算。

（七）经济效益分析

设施甜瓜水肥一体化灌溉施肥设备投入1 800元/亩，每年更换一次毛管，每年维护费用约400元/亩，按照主、支管道使用年限为6年，每年折旧费为300元。应用甜瓜水肥一体化技术后，瓜苗根系变密、叶片肥厚，甜瓜产量和品质提高，平均每亩增产200千克，可溶性糖含量提高1%～3%，以甜瓜价格8元/千克计，每亩可增收1 600元；在节本增效方面，每亩减少20立方米水量，节省化肥20千克，节省农药10个包装单位，节水率达到50%，节肥率20%，灌溉、施肥、施药3项合计每亩可节约成本280元；劳动力每亩可节省3～5工，折合人工费300～500元。应用该技术每亩总计增收节支2 180～2 380元，经济效益显著。

四、甜瓜蜜蜂授粉技术

甜瓜属于高档果品，经济效益明显，市场潜力巨大。随着消费者越来越重视食品安全问题，在甜瓜上应用蜜蜂授粉技术正为广大瓜农所接受，推广面积逐年扩大。

（一）优选蜜蜂品种

目前，农作物授粉应用较为广泛的蜜蜂有中蜂、意蜂和熊蜂，设施甜瓜蜜蜂授粉一般选用中蜂或意蜂。中蜂耐低温性较好，节约饲料，善于利用零星蜜粉源，基本不需人工饲喂，但容易分蜂，适合设施作物长季节栽培蜜蜂授粉；意蜂耐高温性好、易管理，饲料消耗大，但其性情温顺，分蜂性弱，适合设施作物短期蜜蜂授粉。一般甜瓜多采用早春或秋季栽培，授粉期集中、时间短、棚内温度高，宜选用耐高温性好的平湖意蜂。

平湖意蜂是我国蜜蜂授粉推广应用的著名地方品种，是意蜂经浙江平湖养蜂者几十年群众性大规模定地饲养、定向选择，形成的具有平湖地方特征的地方蜂种。平湖意蜂抗逆性强，外界气温35℃时，仍能正常繁殖；耐高温性好，气温42℃时仍能正常出巢；适合短途运输，一夜时间短途运输，对产浆采蜜无明显影响。

（二）授粉蜜蜂田间管理

1. 温湿度调控　温湿度是影响蜜蜂授粉效果的重要环境因素。蜂群6℃时冻僵，温度过高时死亡，在15～42℃温度范围内，可出巢采花完成甜瓜授粉。棚内环境特殊，要营造适宜的温湿度条件，温度尽量控制在18～39℃，湿度控制在30%以上。高温天气时，加大棚内通风降温，打开棚门、侧帘或棚外覆盖遮阳网，保持蜂群良好的通风透气状态；用遮阳网、麦秆、稻草等覆盖蜂箱，并在中午时洒水降温，防止高温对蜂群产生危害。蜂群对空气相对湿度不敏感，适宜空气相对湿度范围是30%～70%，保持合理空气相对湿度，不过干过湿为好。

2. 保持合适蜂群数量 蜜蜂授粉的效果主要取决于工蜂的出勤率和工蜂数量。蜂群放置数量太少，达不到授粉的目的；蜂群放置数量太多，造成蜂群浪费，提高了成本，还增加了疏果的工作量。根据设施面积选择合适蜂群数量，一般每亩设施放置一箱蜜蜂，确保蜂箱内有1只蜂王和3张脾蜂（约6 000只蜂），内置1张封盖子脾、1张幼虫脾、1张蜜粉脾，以确保蜂群不断繁衍，保持蜂群数量在合理范围内。

3. 适时放蜂 一般甜瓜早春栽培花期在4月初至5月初，秋季栽培花期在8月中旬至9月中旬。蜜蜂生长在野外，习惯于较大空间自由飞翔，成年的老蜂会拼命往外飞，因此授粉前期蜜蜂撞死会较多，但在2～3天后幼蜂会逐渐适应棚内环境，而且蜜蜂也需要时间适应棚内不断升高的温度，因此需要适时放蜂。放蜂最佳时间是甜瓜结果枝雌花开放前3～5天，蜂群入场选择天黑后或黎明前，给予蜂群一定时间适应棚内环境。

4. 合理放置蜂箱 蜂箱既可放置于棚内，也可放置于棚外。置于棚内时，因为蜂蜜习惯往南飞，蜂箱放置于大棚偏北1/3的位置，巢门向南，与棚走向一致，放置于平坦地面，保持平稳。若连续阴雨，土壤湿度过大时将蜂箱垫高10厘米，避免蜂箱受潮进水。置于棚外时，将蜂箱置于地块中央，尽量减少蜜蜂飞行半径；若种植面积较大，蜂群可分组摆放于地块四周及中央，使各组飞行半径相重合；授粉期间须打开前后棚门、侧帘供蜜蜂出入，但不利于棚内保温，不适合需要保温的早春栽培授粉。

5. 合理饲喂

（1）补充饲喂。平湖意蜂饲料消耗量大，在蜜粉源条件不良时，易出现食物短缺现象。设施内作物面积小、花量少，棚内的甜瓜花粉和花蜜量无法满足蜂群生长和繁殖，需用1∶1的白糖浆隔天饲喂一次。

(2) 及时补充盐和水。蜜蜂的生存是离不开水的，由于设施内缺乏清洁的水源，蜜蜂放进设施后必须喂水。在蜂箱巢门旁放置装一半清洁水的浅碟，每2天补充1次，高温时每天补充1次，另放置少量食盐于巢门旁，每10天更换一次。

6. 严格控制农药 蜜蜂对农药是非常敏感的，不能喷施杀虫剂类药剂，杀虫药剂都能杀死蜜蜂，禁用吡虫啉、氟虫腈、氧化乐果、菊酯类等农药。放入蜂群前，对棚内甜瓜进行一次详细的病虫害检查，必要时采取适当的防治措施，随后保持良好的通风，待有害气体散尽后蜂群方可入场。如甜瓜生长后期需用药，应选择高效、低毒、低残留的药物，喷药前1天的傍晚（蜜蜂归巢后）将蜂群撤离大棚，2～3天药味散尽后再将蜂箱搬入棚内。

（三）经济效益分析

平湖意蜂适合甜瓜爬地或立架栽培授粉，一般需要5天即可完成授粉工作，按每天100元计，人力成本为500元。春季1箱蜂价格为360元，秋季1箱蜂价格为240元。1个大棚按放置1箱蜜蜂计，春季栽培可节省140元，可降低成本28%；秋季栽培可节省260元，可降低成本52%。而且蜂箱在完成1个大棚授粉后，其他处在花期的大棚还可以继续使用，在一定程度上也降低了使用成本，一般可连续使用2～3次。另外，由于蜜蜂授粉生产的甜瓜绿色、无污染，更易被消费者接受，销售价格一般比喷施激素的甜瓜高1元/千克，按甜瓜每亩产量2 200千克算，每亩可增加收入2 200元。经宁波市农业科学研究院试验，甜瓜采用蜜蜂授粉坐果率可达100%，畸形果率在9.26%以下，在摘除畸形果后能够满足生产需要，其果实品质与采用人工授粉的果实品质相当，是一项省力节本、绿色天然、利于生态的新技术，厚皮甜瓜和薄皮甜瓜都适用该技术。

五、甜瓜外源物质辅助轻整枝栽培技术

甜瓜外源物质辅助轻整枝栽培技术采用喷施药剂控制植株生长，调节营养生长与生殖生长的关系，达到减少整枝次数和工作量的目的。宇花灵 2 号由南宁宇益源农业科技发展有限公司生产，宇花灵 2 号含助剂（登记证号：农肥准字 1623 号）具有控制侧芽生长的作用，使营养生长转向生殖生长，节间粗壮，叶片增厚、增绿，提高植株抗病性，雌花多雄花壮促进果实生长发育和膨大，提高产量，提早成熟。

（一）品种选择

选择生长势强、易坐果、抗病抗逆性较好的品种。如早春和秋延后栽培可选用“甬甜 5 号”“丰蜜 29”“甬甜 8 号”“甬甜 22”“银蜜 58”；越夏栽培可选用“甬甜 7 号”“甬甜 8 号”“甬甜 22”。

（二）药剂使用方法

1. 早春栽培药剂使用方法　6 片叶时，喷施宇花灵 2 号 400 倍液 1 次，留子蔓的顶端 10 厘米暂时不喷，只喷瓜苗基部及侧芽；伸蔓期时，喷施宇花灵 2 号 300 倍液 2 次，整株喷施，重点喷施孙蔓芽心；雌花抽生期，在主蔓要封顶控制侧芽生长时，喷施宇花灵 2 号 300 倍液 1 次，整株喷施，重点喷施孙蔓芽心；开花坐果期不喷施；果实鸡蛋大小时，喷施宇花灵 2 号 300 倍液 1 次，整株喷施，重点喷施孙蔓和侧芽芽心。

2. 越夏和秋延后栽培药剂使用方法　越夏和秋延后栽培时，温度较高，植株生长旺盛，需要提高使用浓度。6 片叶时，喷施宇花灵 2 号 300 倍液 1 次，留子蔓的顶端 10 厘米暂时不喷，只喷瓜苗基部及侧芽；伸蔓期时，喷施宇花灵 2 号 300 倍液 2 次，整株喷施，重点喷施孙蔓芽心；雌花抽生期，在主蔓要封顶控制侧芽生长时，喷施宇花灵 2 号 250 倍液 1 次，整株喷施，重点喷施孙蔓芽心；开花坐果期不喷施；果实鸡蛋大小时，喷施宇花灵

2号250倍液1次，整株喷施，重点喷施孙蔓和侧芽芽心。

（三）田间管理

1. 整枝 采用2～3蔓整枝，植株4～5片叶时摘心打顶，选留2～3个健康子蔓。在植株伸蔓期，将7节以下的孙蔓抹去，直至开花结果期，不再进行整枝。实行前期整枝、后期轻整枝的方针。开花结果期，将长势较旺的侧枝摘心打顶，以促进坐果。坐果后及时疏果，去除畸形果和多余果。植株生长后期不再进行整枝。摘除侧枝时，以生长点长约2厘米时，留1厘米摘去侧枝为宜。过早摘除小侧枝会抑制根系生长，过大摘除又消耗养分。

2. 授粉 采用蜜蜂授粉，而不必采用人工辅助授粉和喷施氯吡脲，以节省劳力。

3. 水肥管理 由于坐果数量较多，需要加大水肥用量。果实膨大期，追施2次肥水。在坐果后，每亩滴灌施入宁波龙兴生态科技开发有限公司生产的鑫沃龙高钾型冲施肥6千克；在果实膨大到一半时，每亩再滴灌施入鑫沃龙高钾型冲施肥6千克。在果实基本成形时，喷施0.1%～0.2%磷酸二氢钾2～3次。通过肥水一体化操作可节省人力30%。

4. 采收 甜瓜应适时采收，采摘前10天应停止灌水和施肥，采摘必须轻采轻放。

（四）药剂使用注意事项

喷施时宇花灵2号和助剂1∶1混配，可在喷施其他药剂时混入使用，切忌与碱性农药混用，以减少喷药次数，节省人工和成本。开花结果期不宜使用该药剂，主要喷施顶芽、侧芽、芽心和叶片。其他类型甜瓜品种在应用时需先做小范围适应性试验。

（五）经济效益分析

使用宇花灵后，植株叶片变小，侧蔓变短，有利于密植，其产量与常规栽培相当，由于整枝少，枝叶茂密，果实品质往往优于常规栽培。宇花灵2号零售价为50元/瓶，规格为500毫升/瓶，使用成本为70元/亩。与常规栽培方式相比，使用宇花灵2

号后，薄皮甜瓜每亩可减少整枝时间 40 小时，厚皮甜瓜每亩可减少整枝时间 36 小时。按人工费为 15 元/小时计，采用药剂辅助轻整枝技术薄皮甜瓜每亩可节省 600 元，厚皮甜瓜每亩可节省 540 元。甜瓜药剂辅助轻整枝栽培技术推广潜力大，节工省本成效明显。

六、甜瓜轻简化高效栽培模式

（一）大棚草莓-甜瓜栽培模式

1. 品种选择　草莓品种应选择大果型、色泽鲜艳、外形美观、口感酸甜适度并具有芳香味、耐储运、产量高的品种，如“红颊”“章姬”“凤冠”“丰香”等。

甜瓜品种选择耐高温、抗病性强、品质好的品种，如“甬甜 5 号”“甬甜 7 号”“丰蜜 29”“甬甜 22”“西州密 25 号”等。

2. 栽培茬口　该栽培模式采用连栋大棚或玻璃温室设施栽培，也可采用中小棚栽培。草莓一般于 9 月上中旬定植，12 月上旬开始采收，翌年 4 月底至 5 月上旬采收结束。甜瓜于 3 月中下旬至 4 月上旬播种，4 月中下旬至 5 月上旬根据草莓销售情况及甜瓜秧苗大小适时进行定植，6 月中下旬至 7 月上旬采收第一批瓜，连续采收 2～3 批，于 8 月底前拉蔓整地种植下一茬草莓（表 6）。

表 6　大棚草莓-甜瓜一年二茬栽培模式

茬口	时间（月）											
	9	10	11	12	1	2	3	4	5	6	7	8
草莓	×			▬	▬	▬	▬	▬				
甜瓜							●	×	—	—	▬	▬

注：●表示播种；×表示定植；▬表示采收。

3. 整地作畦　以 8 米宽大棚为例进行介绍。畦宽 1.2 米，沟宽 25 厘米，每棚作 5 畦地，每畦地种植两行草莓。在草莓快要采收结束时，不进行整地，直接将甜瓜定植在畦面中间位置。采用立架栽培方式，甜瓜定植5行，株距40厘米。若采用爬地栽培，则甜瓜定植3行，分别是第一、三、五畦地，第一、五畦地单行定植，第三畦地双行定植，株距50厘米。

也可将8米宽大棚整地为8畦地，畦宽50厘米，沟宽25厘米，每畦种植两行草莓，在草莓快要采收结束时，拔除第二、四、六畦地草莓，不整地直接将甜瓜定植在第二、四、六畦地，双行定植，分别往两边生长，株距50厘米。若是采用立架栽培，可在草莓采收结束后，将甜瓜定植在第一、三、五、七畦地，株距40厘米。

4. 田间管理 甜瓜在进行整枝管理时，使坐果节位保持在草莓畦面上，因为沟内易积水，易发病，影响甜瓜外观和品质。在实际操作时，草莓全部拔除后，最好用薄膜将畦和沟进行全覆盖，旧膜、新膜均可，新膜虽相对成本较高，但可以减少病害发生，提高果实品质。由于没有进行整地，直接种植甜瓜，土壤中肥力不足，与传统栽培方法相比，要增加2～3次追肥，加大追肥量，以保证甜瓜正常的肥料供应。

5. 经济效益分析 大棚草莓-甜瓜栽培模式，采用不整地，直接种植甜瓜的方法，可以节省整地人工费用。草莓和甜瓜均是高附加值经济作物，一般大棚草莓每亩产量1 500千克左右，产值约1.7万元，高的甚至超过4万元。爬地栽培甜瓜一般每亩产量1 500千克，产值9 000元左右；立架栽培甜瓜一般每亩产量可达2 000千克，产值10 000元以上。

（二）大棚草莓-丝瓜-甜瓜栽培模式

1. 品种选择 草莓品种应选择大果型、色泽鲜艳、外形美观、口感酸甜适度并具有芳香味、耐储运、产量高的品种，如“红颊”“章姬”“凤冠”“丰香”等。

丝瓜品种应选择瓜条顺、抗病性强、耐高温性好的品种，如“台丝1号”“台丝2号”“台丝3号”“苏丝4号”“苏州香丝瓜”

“十棱丝瓜”“江秀 7 号”等。

甜瓜品种宜选择耐高温、抗病性强、品质好的品种，如“甬甜 5 号”“甬甜 7 号”“丰蜜 29”“甬甜 22”“西州密 25 号”等。

2. 栽培茬口　草莓一般于 9 月上中旬定植，12 月上旬开始采收，翌年 4 月底至 5 月初采收结束。丝瓜于 2 月初育苗，3 月中旬定植，5 月初至 8 月底采收。甜瓜于 3 月初播种，4 月初定植，5 月初坐果，6 月中旬至 7 月初采收（表 7）。

表 7　大棚草莓-丝瓜-甜瓜一年三茬栽培模式

茬口	时间（月）											
	9	10	11	12	1	2	3	4	5	6	7	8
草莓	×	—	—	■	■	■	■	■				
丝瓜						●	×	—	■	■	■	■
甜瓜							●	×	—	■	■	

注：●表示播种；×表示定植；■表示采收。

3. 整地作畦　将 8 米宽大棚整地为 8 畦地，畦宽 50 厘米，沟宽 25 厘米，每畦种植两行草莓。在 3 月中旬，将丝瓜定植在第一、八畦地。为丝瓜搭建拱形毛竹架，拱架顶部用绳子与大棚钢管连接固定。在草莓快要采收结束时，将甜瓜定植在第二、四、七草莓畦中间，株距 45 厘米，待甜瓜长到 30 厘米时拔除所在行草莓，双蔓整枝，往两边爬。

4. 田间管理　6 月底梅雨季节过后，拆除大棚膜，直至 8 月底丝瓜采收结束后扣上大棚膜，以保证丝瓜安全度过高温季节。甜瓜在进行整枝管理时，使坐果节位保持在草莓畦面上。在实际操作时，草莓全部拔除后，最好用薄膜将畦和沟进行全覆盖。田间管理要增加 2～3 次追肥，加大追肥量，以保证丝瓜和甜瓜正常的肥料供应。

5. 经济效益分析　该模式将草莓、丝瓜、甜瓜套种在一起，采用立体栽培方法，充分利用光热资源，与长江中下游地区气候特点相结合，采用不整地的方法节省了人工费用，具有经济效益高、观赏性强的优点。一般大棚草莓每亩产量 1 500 千克左右，产值约 1.7 万元，高的甚至超过 4 万元；丝瓜由于采收期很长，每亩产量 3 000 千克左右，亩均产值也有 1.5 万元；夏季耐高温甜瓜一般每亩产量 2 000 千克，亩产值在 1 万元左右。合计亩产值达 4.2 万元。

第四章　病虫害综合防控技术

设施西瓜、甜瓜生产过程中病虫害发生普遍，连作地块枯萎病、根腐病、瓜类根结线虫等土传病害发生严重，瓜类上重要的两类检疫性病害——黄瓜绿斑驳花叶病毒病和瓜类细菌性果斑病都能通过种子携带传播，烟粉虱等虫害还能传播病毒等。这些病虫害一旦发生，生产上很难防治，通过药剂等施用成本高、人力多、防效差，而通过播种前的种子处理、土壤消毒处理以及虫害的物理防治等简便操作方法，可有效预防病虫害的发生，达到省时省力、节约成本、安全环保的目的，是西瓜、甜瓜轻简化栽培中的一项重要技术。

第一节　种子处理技术

西瓜、甜瓜在播种或育苗前进行适当的种子处理，可有效杀灭潜伏在种子上的病原菌，是防治病害、培育壮苗的一项经济而有效的增产措施。通过有效的种子处理，可大大减少生长期的病害发生率，其方法主要有以下 6 种。

一、种子干热处理技术

用专用的种子干热处理器进行种子处理（图 1），具体操作为：含水量小于 8%的瓜类种子先以 35℃处理 24 小时，再 50℃处理 24 小时，再 72℃处理 72 小时，干热机器内放置 24 小时自然冷却至室温，最后置于常温条件下自然吸湿 1～2 周。该操作可减轻种子带病毒量，对种子内外表皮都携带的黄瓜绿斑驳花叶病毒病（CGMMV）、黄瓜花叶病毒（CMV）等多种病毒病都有防治效果。

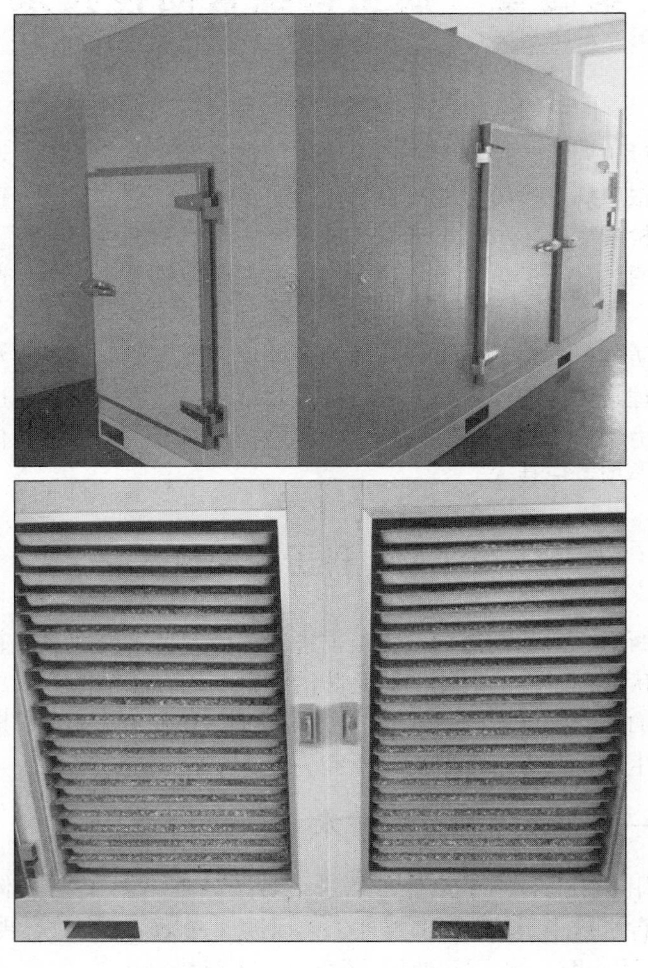

图1　种子干热处理器

二、种子温汤浸种技术

温汤浸种是根据种子的耐热能力通常比病菌耐热能力强的特点，用较高温度杀死种子表面或内部潜伏的病原物，西瓜、甜瓜种子一般用 55～60℃温水下浸种 20 分钟，然后将水温降至 30℃继续浸种（图 2）。该方法可杀死西瓜、甜瓜种子上携带的虫卵、蔓枯病、疫病等病原菌。

图 2 种子温汤浸种

三、种子药剂浸种技术

用 40％甲醛 150 倍液浸种 30 分钟，或 50％多菌灵可湿性粉剂 500 倍液浸种 1 小时，或用 0.1％升汞浸种 10 分钟，然后用清水冲洗干净，可有效杀灭种子上携带的枯萎病、蔓枯病、炭疽病和菌核病等多种病原真菌。用 10％磷酸三钠溶液浸种 20 分钟后，用清水洗净可使种子表面携带的黄瓜绿斑驳花叶病毒病等病毒失去活性。用福尔马林 100 倍液浸种 30 分钟，或次氯酸钠 300 倍液浸种 30～60 分钟，或用 200 毫克/升硫酸链霉素或新植霉素浸种 2 小时，用清水冲洗净，捞出催芽可有效去除种子上携带的瓜类细菌性果斑病病菌。

四、种子药剂拌种技术

药剂拌种的用药量一般为干种子重的 0.2%～0.3%，常用农药有 40%拌种双可湿性粉剂、50%苯来特可湿性粉剂、50%多菌灵可湿性粉剂等拌种剂。

五、种子种衣剂处理技术

播种前对西瓜、甜瓜种子进行包衣可达到减少种子带菌，防治病虫害的目的，常用的种衣剂有 2.5%咯菌腈悬浮剂（图 3）。种衣剂与瓜种之比一般为 1∶25，即 5 克种衣剂可包衣 125 克种子。

图 3　西瓜种子种衣剂处理

六、药土盖种技术

用50%多菌灵可湿性粉剂500克加细土100千克，或用40%五氯硝基苯可湿性粉剂300～500克加细土100千克制成药土，播种后覆盖1厘米厚，防止土壤中或种子上携带的病原菌侵染幼根。

第二节　土壤处理技术

随着西瓜、甜瓜设施化、专业化、规模化生产的发展，在西瓜、甜瓜栽培中实现轮作非常困难，致使连作西瓜、甜瓜的枯萎病、根腐病等土传病害发生严重，多种病原菌如枯萎病菌等可在土壤中存活多年，黄瓜绿斑驳花叶病毒等检疫性病原菌也能在土壤中长时间存活，因此有效的土壤处理可杀灭土壤中的病原菌，控制病害发生。常见的简便的土壤处理方法有以下4种。

一、高温闷棚灌水技术

选择夏季6月下旬至7月中下旬高温期，先将前茬作物清出大棚，土壤表面均匀撒施未腐熟有机肥及稻草（最好是锯末、稻谷壳混合堆制），每亩施用未腐熟的农家有机肥1 000～1 500千克、稻草500千克。用旋耕机将有机肥均匀翻入土中，深翻土壤30～40厘米。土壤整平后作成1.5～3米的畦面。用旧的塑料薄膜覆盖地面，并将畦面表面密封。密闭大棚，从薄膜下往畦内灌水至畦面完全淹没，密闭大棚持续20～30天，以便借高温杀死有机肥中的病菌虫卵以及土壤中的病原菌（图4）。

图 4　夏季高温灌水闷棚

二、冬季深翻冻土技术

瓜田秋季拉秧后深翻 25～30 厘米，将表土病菌和病残体翻入土壤深层进行腐烂分解，减少越冬菌源。重茬田可采取移沟法交换阴阳土。设施尽量通风或去掉覆盖物，利用自然的温度进行降温，减少越冬的病原菌和虫口基数（图 5）。

图 5　冬季深翻冻土

三、土壤药剂处理技术

酸性土壤可施用生石灰、石灰氮或喷洒石灰水。碱性土壤通过排水洗盐，施用高锰酸钾、漂白粉等药剂。有枯萎病史的田块，播前用五氯硝基苯或80%代森锌可湿性粉剂600倍液，或用70%敌克松可湿性粉剂700倍液，或50%多菌灵可湿性粉剂500倍液等菌剂喷洒于沟内或将药土施入播种穴，进行土壤消毒（图6）。

图6　土壤药剂处理

四、生物菌肥应用技术

生物菌肥是以作物秸秆为原料，采用复合有益菌发酵而成，土壤施用生物菌肥目的是起到以菌抑菌，为西瓜、甜瓜根系创造良好的生长环境，抑制土壤中土传病原菌群体的数量，最终起到病害防治的效果（图7）。常用的生防真菌哈茨木霉对至少18个属29种植物病原真菌有拮抗作用；黏帚霉对核盘菌、立枯丝核菌等西瓜、甜瓜土传病原真菌及线虫有重寄生作用；淡紫拟青霉能有效防治根结线虫和孢囊线虫。

图 7　生物菌肥施用

第三节　虫害物理防控技术

设施西瓜、甜瓜生产中常发生虫害，如烟粉虱、蓟马等虫害会造成瓜类病毒病的传播，严重影响西瓜、甜瓜的品质和产量。防虫网、粘虫色板等物理防治方法因投入少、可操控性强得到了广泛应用。常用的物理防治方法有以下 5 种：

一、防虫网阻隔技术

利用防虫网可将害虫拒之网外，在西瓜、甜瓜生长期内覆盖 25 目防虫网，可减轻斜纹夜蛾、蚜虫、斑潜蝇等多种害虫的危害，同时切断了蚜虫等传毒媒介，可减轻瓜类虫传病毒病的发生（图8）。

图8　防虫网纱阻隔

二、杀虫灯诱杀技术

利用害虫的趋光、趋波等特性，近距离用光、远距离用波，采用频振式杀虫灯诱杀斜纹夜蛾（图9）。在西瓜、甜瓜生长季

图9　太阳能杀虫灯捕杀害虫

节开始使用，能有效降低斜纹夜蛾的产卵量，压低虫源基数，达到经济、安全、有效、环保的杀虫效果。

三、有色板诱杀技术

利用害虫对黄色或蓝色波段光的趋向性，使害虫飞向黄蓝板，利用板上的黏性物质将虫粘住。黄板可诱杀烟粉虱和蚜虫等害虫（图 10），蓝板可诱杀蓟马等害虫，防止病毒传播。

图 10　黄板诱杀害虫

四、性诱剂诱杀技术

利用昆虫成虫性成熟时释放性信息素引诱异性成虫的原理，应用性诱剂诱杀斜纹夜蛾雄虫，消灭雄虫后使雌虫不能产卵达到杀虫的作用（图 11）。

五、双面膜应用技术

利用银灰膜或黑膜拒蚜防病，黑膜也可防止杂草生长（图 12）。

图 11　性诱剂诱杀害虫

图 12　铺盖银灰色双面膜

第五章　适合轻简化栽培的农业机械

第一节　概　述

农业机械化是现代农业最基本、最显著的特点，实现农业现代化必须推进农业机械化。农业机械在解放农村劳动力、提高农业生产率方面起着不可替代的作用。近年来，随着我国农机化事业的不断发展，我国农田作业机械化水平得到显著提高，全国耕地综合机械化水平达到了38%，农业综合生产能力明显增强。在小麦、水稻、玉米三大粮食作物中，很多北方地区基本实现了全程机械化水平。然而，与发达国家相比，我国的农业机械化水平仍存在很大差距，亟待提高。主要表现出以下几大问题：①农业机械化水平发展不均衡，主要受到地理条件和社会经济发展条件等因素影响，在南方地区矛盾尤为突出。②机械化装备总量不足，结构不合理。在现行农用机械中，田间作业机械严重不足，与农艺技术发展极不配套，缺乏相应的合理性。③农机具门类品种问题严重，表现在不同作物、不同农事环节上差距明显，离现代农业生产要求甚远，适合于西瓜、甜瓜等瓜菜生产的小型机械尤为紧缺。④农机社会服务产业体系发展不健全。农机社会服务产业化可以促进农业标准化、专业化、规模化经营，对降低农业生产成本、提高农产品的质量和效益有显著效果。⑤农机行业研发能力差，竞争力不足。国内农机企业普遍存在规模小、利润低、技术设备落后、开发能力弱等状况。因此，我国农机化发展必须借鉴国外先进经验，与现代农艺技术发展要求相结合，逐步向自动化、精准化、智能化方向发展，真正实现农机为农艺服务，在作物“耕、种、管、收”各阶段，不断实现农机化，在农业产业提升和转型当中，逐步实现“机器替人”，提高农业生产效率，提升农业效益品质。

设施瓜菜生产不同于一般大田作物，要求精耕细作、精细管理，且我国南方地区由于多山区、多丘陵、少平原的地理特点，加上近年来我国设施农业的大规模发展，很多大型机械无法作业。因此，在过去很多年里，南方设施瓜菜产业一直存在生产劳动强度大、对劳动力需求大的问题，一般种植农场均受到当地劳动力因素制约，劳动力成本居高不下，普遍规模较小，严重阻碍了产业健康持续发展。

近些年，根据目前生产实际现状以及现代农艺技术的发展，国家对适合大棚等设施条件作业的小型农业机械的研发与推广越来越重视，一大批适合南方地区设施作业的小型农机具，如微耕机、水肥一体机等应运而生。这些小型农机具的应用在设施瓜菜生产中发挥着不可估量的作用，可大大节省劳动力成本、提高生产效率、增加农民收入。设施西瓜、甜瓜生产属于劳动力密集型产业，在田块准备、嫁接育苗、整枝授粉、水肥管理、病虫草害防治等整个栽培管理过程中，除了上述介绍的轻简化生产技术的综合应用外，合理选配和使用适合的小型农业机械，也可以起到节时省工，事半功倍的效果。

因此，本章着重介绍以下几种在南方设施西瓜、甜瓜生产中常用的小型农业机械，农民朋友可以结合自身田块耕作环境、种植结构、栽培方式、基地规模等灵活选配。

第二节　微 耕 机

微耕机是微型耕作机的简称，又称田园管理机，是广泛应用于茶园、果林、菜地和大棚设施等区域作业的小型农机装备，由于机体小巧灵活，特别适用于山区、丘陵地块以及设施大棚作业。目前，市场销售的微型耕作机有 20 多个型号，1 台主机配挂多种农机具，即可完成犁耕、旋耕、播种、起垄、铺膜、施肥、中耕、打药、收割和脱粒等近 40 项田间作业，非常适宜我国南方地区丘陵坡地使用，是现代农户家中必备的田间作业好帮手。

目前，微耕机有 3 种主要类型：

一、独、双轮微耕机

包括机架、可调高低扶手，机架上设有柴油机或汽油机及驱动轮和耕作刀具，传动方式主要有全齿轮传动、带传动和链传动 3 种方式，操作方便、简单。

二、自动差速器微耕机

采用干式摩擦离合器，可以 360°自由转弯，在田间可随意控制方向，方便操作。此外，该机型采用整体铸造变速箱体，结实耐用，安全可靠。

三、全齿轮传动微耕机

整机采用齿轮传动、湿式多片摩擦离合器，使得结构变得紧凑小巧，动力无损，耕幅宽，耕深大，适应性强，各种土质均能轻松解决，部件刚性好，作业效率高，使用寿命长（图 13）。

微耕机外形尺寸较小，整机质量在 100 千克左右，小巧灵活，操作方便，工作油耗 0.6～1 升/亩，作业速度 0.5～1.3 千米/小时，作业效率 0.8～1.5 亩/小时。目前，我国生产的微耕机配套功率一般≤7.5 千瓦，采用独立的传动系统和行走系统，可以直接用驱动轮轴驱动旋转工作，配置有耕作宽度 50～120 厘米的旋耕刀具，用途扩展能力强。

图 13　全齿轮传动微耕机

微耕机主要有直接传动型和 V 带传动型 2 类，不同的传动类型各有优点。直接传动型整机质量 100 千克左右，耕作效果好，作业效率高，适用范围广，在市场上比较受欢迎。V 带传动型的优点是，以通用汽油发动机或小型水冷柴油机为动力，整机质量小，传动方便，制造成本低，在大棚、疏松旱地、深水田和小块田等地域作业具有较大优势，是较受欢迎的畅销机型之一。微耕机从设计上来讲主要考虑了农田耕作功能，还具有其他功能，如抽水、发电和运输等，农户可以根据作业需求合理选择相配套的机型。此外，微耕机对田间道路系统要求不高，一般田间机耕路即可满足要求。

第三节　水肥一体机

水肥一体化技术又称灌溉施肥技术，是同时将灌溉与施肥有机结合的一项现代农业技术，主要是借助新型微灌系统，在灌溉的同时将肥料配兑成各种比例的肥液一起注入农作物根部土壤。

与传统施肥管理相比，可实现节水、节肥达40%～60%，同时还可提高作物产量和品质，减少发病，经济效益显著。水肥一体化技术在设施西瓜、甜瓜栽培中应用很广泛，一般农户普遍使用的简易水肥一体化设备，仅需1台水泵、1个混肥桶、1组滴管管带即可，简单易行。但是，简易水肥一体化设备，由于缺乏必要的控制系统、过滤装置等，常出现水肥浓度难以控制、滴头堵塞、压力不足、供肥供水不均匀等问题。而水肥一体机通过精确控制灌水量、施肥量、灌溉及施肥时间，不但可以有效提高水肥资源利用率，而且有助于提高产量、节省资源、减少环境污染。

一、进口智能化水肥一体机

目前，以色列、荷兰等园艺强国均推出了系列的高端自动化、智能化施肥灌溉一体产品，如以色列耐特菲姆（natefim）公司生产的耐特佳（natejet）施肥机。其采用智能化精量控制，并普遍采用EC/PH综合控制、时间控制等技术，以达到实现自动配肥、混肥均匀、精确施肥的目的，保证了作物均匀的长势，提高了产量、品质和经济效益。但该系列产品价格普遍较高，目前仅在一些大型示范园区或高档园艺生产设施中应用。

二、国产经济型水肥一体机

国内许多科研单位在借鉴世界发达国家的成功经验并结合中国基本国情基础上研发出系列经济实用的自动灌溉施肥机。精量水肥灌溉控制机（图14）是宁波大红鹰学院依托西安交通大学承担国家“863”项目“智能灌溉控制技术”合作过程中研制开发的一款水肥一体机，它基于信息采集、传输技术、变频、物联网与多路分区等控制技术相结合，开发决策支持软件，建立了智能水肥精量灌溉控制系统。整个智能控制系统实现了智能决策、智能控制灌溉以及信息传输技术与方法，提高了灌溉系统的自动化、智能化、准确性和信息化水平，实现节水、节肥、增产、增收效益最大化。产品主要性能、技术指标见表8。

图14　国产经济型水肥一体机

表8　产品主要性能、技术指标

名称	性能指标	名称	技术指标
工作压力	200千帕	施肥均匀度	＞85%～95%
灌溉流量	15立方米/小时	施肥量	50千克/小时
液肥流量	2.5立方米/小时	运行时间	20小时
浓度值	0.1%～3%	环境温度	0～60℃
相对湿度	＜85%	外形长宽高	1.5米×1.2米×0.8米

产品基本功能特点：

1. 兼有手动控制和自动控制两种模式，两种模式可随意切换，方便用户使用。

2. 采用灰色模糊PID控制技术控制水肥融合速度。

3. 控制器开发采用MBD技术。

4. 肥路标配“3＋1”个通道（“氮、磷、钾＋微量元素”），可单独使用控制。

5. 采用水、肥流量控制配比技术，实现精量水肥浓度精准比。

6. 用户可以借助控制机面板上的触摸屏进行相应的灌溉控制及灌溉信息查询。

7. 可以实时观察水量、肥量流量情况并进行相应控制，得到相应的图像分析。

8. 嵌入了甜瓜、西瓜等作物信息查询，查询不同瓜类不同生长期所需水量、肥种类和肥量等。

9. 配选无线传输模块，可以实现不同区域下，实现手机实时观察和控制，更加易于科学规划和方便操作。

10. 设备外观设计简单，便于移动。

使用精量水肥灌溉控制机，有助于提高施肥效率和肥料的利用率、节省资源，具有良好的经济效益和生态效益。另外，相对低廉的价格（仅为同类进口设备价格的50%左右）、稳定可靠的性能、全中文的人机界面，也符合中国的基本国情和用户需求。

第四节 覆膜机

目前，南方大多设施西瓜、甜瓜生产均采用地膜覆盖栽培，地膜覆盖栽培可起到调温、保墒、防草等效果，因此在保护地栽培中广泛应用。人工覆膜也是劳动强度较大的一项田间作业，一般需要两人同时配合完成操作，一人拉膜、一人压膜。使用覆膜机，一人便可独立完成起垄覆膜作业。市面上一般机型采用双向起垄铲起垄，覆膜装置覆膜（图15）。多数机型对起垄高度、起垄宽度、覆膜面宽度和质量等技术参数在一定范围内可以按要求进行适当调整，适合大多数瓜菜作物的起垄覆膜作业。在作业前，根据田块、季节、土壤墒情和种植品种的不同，确定垄高、垄宽和选用地膜的型号后，调整覆膜机的各项参数，然后进行大田机械作业。

图 15　覆膜机

一、起垄高度、宽度的调整

将起垄铲与机架接合处卡板螺栓松动，上下移动起垄铲，调整垄面高度，左右移动起垄铲，调整垄面宽度，至适当位置，拧紧螺母。一般垄高 25～30 厘米，垄宽 60～80 厘米。

二、覆膜机宽度的调整、膜幅度的确定

开沟铲上、下移动，调整开沟深度，使覆膜压紧压实；改变覆膜架的距离，可以调整覆膜面宽度，松开膜架连接处紧定螺栓，向外移动覆膜架则膜面宽度增大，反之则减少。一般情况覆盖地膜两边各埋入土中 10 厘米左右，要求选用的地膜幅宽必须

满足上述要求。所以盖膜部位宽 60 厘米、70 厘米、80 厘米的垄，适用的地膜幅宽分别为 80 厘米、90 厘米、100 厘米。

三、先调整试行，再大田作业

覆膜机调整后，先行在地头试作业，检查是否符合种植要求，发现问题，及时调整。待调整无误后，对所有螺栓坚固一遍，然后进行大田作业。作业前，先对作业的地块深耕细耙，施足底肥。作业时，应注意行走轮、犁脚、压膜轮高度是否合适。

第五节　挖 沟 机

设施西瓜、甜瓜种植讲究旱能灌、涝能排，标准瓜田要求做到“畦沟、腰沟、边沟”三沟配套，在台风暴雨季节，雨水能及时排出，防治田间积水，造成涝害。传统依靠人力挖掘，一般一天开挖 100 米，相当费工、费时，不但开挖的沟不规范、质量差，而且效率低、成本高。目前，市场上有犁铧式挖沟机、链式挖沟机、螺旋式挖沟机和圆盘式挖沟机等多种形式，不同形式挖沟机各有千秋，农户可根据自身地块特点灵活选择。

一、犁铧式挖沟机

犁铧式挖沟机，结构最为传统简单，零部件少，作业可靠，作业成本低。但是，开沟深度浅，一般 10～20 厘米。由于机体笨重，牵引阻力大，犁铧入土后，土随翻土板曲面上升，翼板将土推向两侧，侧压板将沟壁压紧，形成梯形断面的沟。

二、链式挖沟机

常见的开沟机大都以链式开沟机为主，链式开沟机主要由传动皮带轮、传动轴、变速齿轮箱、刀轴和机架构成。开沟机主要与拖拉机配套使用，并由拖拉机动力驱动工作部件来实现开沟。链式开沟机应用范围广泛，结构简单，造价低廉，使用拆装方便，开沟质量好，效率高，并具有开沟、碎土和均匀排土一次完成的特点，适宜旱地田间开挖排水沟用。

三、螺旋式挖沟机

螺旋式挖沟机，具体是涉及一种农田排水挖厢沟和围沟用的挖沟机。它是采用在旋耕耘机上带有利刀进行挖沟，挖沟机是主轴通过轴承固定在外壳内，主轴的一端上固定有动力齿轮盘，另一端通过伞形齿轮与被动轴连接，被动轴的下端固定有螺旋桨，螺旋桨侧面的泥瓦支架上固定有泥瓦（图 16）。不仅可以挖厢沟，也可以挖围沟，由挖沟机代替人工挖沟，工作效率大大提

图 16　螺旋式挖沟机

高，彻底解放了劳动生产力，挖沟的深浅度可以调整，因此保证了挖沟的质量。

四、圆盘式挖沟机

与大马力拖拉机的发展趋势相适应，旋转开沟机得以迅速发展。由于它牵引阻力小，适应性强，能均匀散开沟内土壤，工作效率高，因而获得迅速发展和广泛应用。许多国家，如意大利、法国、荷兰、日本等，都有不同型号的系列产品。此种开沟机其主要工作部件是1个或2个高速旋转的圆盘，圆盘四周是铣刀，铣下来的土壤可按不同的农艺要求，将土壤均匀地抛掷到一侧或两侧5～15米范围以内的地面上，也可将土壤成条地堆置在沟沿上形成土埂，两圆盘与水平面成45°角，因此开出沟的断面是上口宽、沟底窄的倒梯形开挖的沟渠，沟形整齐，无须辅助加工，但行走慢（拖拉机以50～400米/小时的超低速前进），传动复杂，结构庞大，制造工艺要求高，单位功率消耗大，生产率比犁铧式开沟犁低。

第六节　电动卷膜机

目前，我国塑料大棚的卷膜和放膜作业仍然主要靠人工手动完成。当同时管理的大棚较多时，采用手动卷膜方式势必加大劳动强度，费工费时。大棚电动卷膜器可有效减少卷膜、放膜环节的人工投入，实现省工节本。电动卷膜器一般通过电机运转带动卷膜轴转动，使得塑料膜被卷膜轴一层一层地卷起，极大地提高了生产效率，降低了劳动强度。

一、传统电动卷膜器

传统的电动卷膜器一般采用220伏交流电，配备电源和减速电机，输出扭矩大，卷放膜的质量也很大。但其缺点是卷膜和放膜工作不够平稳，控制也不太方便。这种卷膜器只能通过按键或开关控制。并且，卷膜器启动时，必须有人守在电源和控制器旁。如果控制器安装的位置不合适，操作者往往无法直观地看到卷膜的状态。另外，传统电动卷膜器采用了电机和其他机械结构，成本也较大。

二、新型电动卷膜器

新型大棚电动卷膜器系统较传统卷膜器有了较大改进，其系统组成主要由电源变换模块、遥控收发模块、电机控制模块、转换按键，以及电机和其他机械部分组成（图17）。卷膜器控制系统采用了密封封装，除电机外，电源部分和整个控制系统全部封装在防潮的控制盒子内，电机与控制盒之间采用防水接头连接。防水接头可以有效地避免电缆被拖曳时，外力对内部控制系统的影响，从而保证控制系统安全有效地运行。控制盒盖沿结合处设有密封垫圈，盖紧后可使盒子内部与外界隔离，防止水的渗透，从而起到防水防潮的作用。控制盒的电源直接采用220伏交流电，通过电源模块将交流电直接转化为24伏直流电。电源部分

图17　新型电动卷膜机

设计了短路保护电路，当发生短路故障时，其指示灯将会由绿色变为黄色，从而有效地保护控制系统。电源开关采用了带 LED 指示灯的拨动开关，如果开关接通，指示灯会亮起来，显示电源接通。开关全密封，防水效果良好。控制盒上安装了 2 个转换开关，一个作为模式切换开关，另一个作为电机正反转控制按钮。转换开关为双刀双掷开关，模式切换开关为两位控制，设置遥控和手动两挡，默认为手动挡；电机正反转控制按钮是三位控制，设置卷膜、停止和放膜三挡，默认为停止挡。

新型大棚电动卷膜器系统关键可实现使用遥控器控制卷膜和放膜作业，遥控距离可达 100 米。当使用手动控制时，遥控器将不起作用，电机将与继电器控制脱开，连接到控制面板上的正反转控制开关。拨动按钮就可以控制卷膜器的控制状态，向上拨，电机正转，卷膜器卷膜；向下拨，电机两侧的电源正负极会交换，电机反转，卷膜器放膜；在中间位置时，电机处于悬空状态，电机不会有任何动作。当模式切换开关拨到下位时，电机将与继电器控制连接，卷膜器使用遥控器控制。按下遥控器任何一个键，无线接收模块上的指示灯都会闪烁，表示接收成功。对电机的控制部分，设有继电器继电保护电路，两个继电器互锁，保证任何时候只有一个继电器可以接通或者全部闭合，避免两个继电器全部接通发生短路故障。电源转换模块将交流电转换为 24 伏直流电，为直流电机提供工作电源。电机采用 24 伏直流供电，电源模块输出电压可以微调，从而微调转速，相对于直接交流供电，安全性更高。电机控制电路接入了限位开关，当放膜或卷膜到尽头时，限位开关会动作，电机停止转动，避免破坏塑料膜。

新型大棚电动卷膜器系统能十分方便地控制大棚卷膜、放膜作业，在保留了传统的手动控制功能的基础上，新增了遥控控制。两种模式之间可以随时相互切换，方便控制。系统默认为手动控制，通过拨动系统设定的按钮可控制电机的正转、停止和反转；当切换到遥控方式时，通过遥控器上的控制键，实现大棚的卷膜和放膜，免于工作人员手工实时控制和留守在控制器旁。而且，这两种模式之间可以相互切换，既方便控制，又能使工作人员在远离大棚时，全景观察卷膜、放膜状况。卷膜器运行过程中，可以随时控制启停，显著提高了工作效率。另外，采用了锐进直流减速电机，运行平稳，断电后自锁，不再惯性动作，控制可靠；限位开关会串入电机控制电路，避免破坏塑料膜。

应用新型大棚电动卷膜器系统在对蔬菜大棚的塑料膜进行了卷膜和放膜作业实践表明，卷膜和放膜工作平稳，可以随时控制工作状态，可靠性高。相比于传统的手动卷膜，明显地减轻了劳动强度，提高了生产效率。通过遥控器控制卷膜和放膜，使得人可以在有效范围的任意位置进行控制，突破了位置的局限，并可以直观观测运行状态，使得大棚的卷膜、放膜工作更加轻松自如。在模式切换时，最好确保电机停止运转。电机在转动时不要控制使之马上反转，应使之先停一段时间，再反转，这样可以有效地保护电机。

电动卷膜器应用效果好，节本增效显著，深受广大菜农欢迎。据实地调查，一个 70 米长的大棚，人工卷膜、放膜一次需要 2 小时，而电动卷膜、放膜一次仅需用 10 分钟，每个大棚每天卷放一次可节省 0.3 个人工日，每年平均每个大棚卷放膜的天数约 220 天，每个大棚每年电动卷膜比人工卷膜可以节省 66 个人工日。大大地减轻了劳动强度，降低了生产成本。另外，由于遥控电动卷膜比人工卷膜缩短了作业时间，能够做到适时卷放，这样就相对延长了光照时间，增加了室内积温。在同等条件下，间接提高了蔬菜的产量和品质。

目前，卷膜器价格普遍趋高，一台简易的电动式卷膜器的售价也在 500 元以上。所以，电动卷膜器还要进一步改进设计，在确保质量的前提下，尽量降低成本。另外，还需要增加简易手动卷膜装置，以应对停电和故障发生；减少其他设备对无线收发模块的干扰，无线进一步加强遥控装置的可靠性，提高操作方便性。

第七节 弥雾机

在设施西瓜、甜瓜栽培管理中，病虫草害防治也是一项费工费时的农事操作，传统的手动式喷雾器，效率较低。使用蔬菜大棚弥雾机，具有非常好的效果。用水量少、用药省，且省时省力。对于大棚作物可有效降低湿度，阴雨天可以照常喷施农药，100 米大棚 10 分钟即可喷完。药效快，弥雾机喷药产生的细微颗粒穿透力强，可直接穿过植株冠层，全面覆盖，无死角。药效持久，弥雾机产生的 0.5～1.0 微米雾状粒子，长时间在空中漂浮，药效长达 2～8 小时。冬季低温时，还可提高大棚温度。弥雾机雾化颗粒细微，弥漫均匀，药害小，残留低，是目前生产绿色无公害蔬菜的理想植保配套机械。

弥雾机工作时，脉冲式发动机产生的高温高压气流从喷管出口高速喷出，打开药伐后，药箱内的气压将药液压至爆发管内，与高温高压高速气流混合，在相遇瞬间，药液在 1/60 秒内被爆炸粉碎成

图 18 弥雾机

微米颗粒排入空气中冷却形成弥雾（烟雾）状从喷管中喷出，并迅速扩散弥漫，被防治对象接触到此弥雾时就达到了防治作用（图18）。其喷雾量每小时50～80升水，耗油量平均每小时2.6升。

第八节　嫁接机

嫁接栽培技术是目前设施西瓜、甜瓜生产中常用的技术，利用嫁接技术可以大大提高对土传病害的抗病性。另外，通过嫁接，还可以明显增强耐逆性（抗寒、耐热、耐旱、耐涝）及吸肥能力，达到节肥省药，提高作物产量、效益的目的，是目前设施西瓜、甜瓜轻简化栽培中应用较广的一种技术手段。

目前，我国瓜类嫁接多采用人工嫁接方式，作业速度较慢，难以满足工厂化嫁接育苗的需求。另外，嫁接作业、嫁接苗愈合管理的技术性强，要求嫁接工人具有较高的技术水平，由于工作人员间存在技术差异，因此，人工嫁接苗易出现成活率低下、苗生长差异大等问题。采用嫁接机进行机械化嫁接，可以极大地提高嫁接速率、增加嫁接苗的成活率、保证嫁接苗的生长速度等，有利于生产管理和规模化作业。

瓜类的嫁接方法有很多种，目前，国内外主要采用的嫁接方法包括劈接法、靠接法、插接法、针接法、贴接法、套管法和平接法。其中，因贴接法、套管法和平接法作业步骤较少，操作方式较为简单，是最适合蔬菜嫁接机上采用的嫁接方式。特别是贴接法，操作简便，是目前蔬菜嫁接机采用最多的一种方式。目前，日本生产的蔬菜嫁接机，其生产效率到达600～1 000株/小时，嫁接成活率达到95%以上。

一、半自动嫁接机

半自动嫁接机需要2人操作，如韩国产的半自动嫁接机（型号GR-800CS），可用于西瓜、甜瓜、黄瓜、番茄、辣椒等瓜菜种苗嫁接，每小时可嫁接600株以上，操作熟练的工人可达每小时700～800株。嫁接机由自动机和送料器构成，长67厘米、宽108厘米、高106厘米、重170千克，也可与其他设备组成多元化生产线（图19）。嫁接后需要使用塑料夹子固定，一般选用定制的硅胶夹子，以减少对嫁接苗的损伤。

图19　半自动嫁接机

二、全自动嫁接机

全自动嫁接机相比半自动嫁接机可进一步解放劳动力，如日本产的SOP-JAG800-U型全自动嫁接机，可实现全自动操作，执行无人育苗的切出和调整方向、高度、片叶切割等，每株种苗可在4.5秒内完成嫁接，比人工作业快3倍以上。嫁接时只需放栽苗托盘的简单作业，一般每9分钟（128孔单元托盘）就可把单元托盘放到传输带上，机器会同时获取和检测苗种。该嫁接机同时具有缺株跳跃功能，当嫁接装置提供育苗时传感器检出缺株，可自动跳过嫁接。当天气及作业日程不符合全自动条件时，还可卸下自动给苗装置，使用手动供给模式，进行半自动嫁接操作，扩展苗种的适应性。

第九节　移 栽 机

设施西瓜、甜瓜生产多采用育苗移栽，以便于苗期管理，提高田间成活率高。但是，目前我国蔬菜移栽机械化进展缓慢，而移栽作业是仅次于产品收获作业的一项劳动强度非常大的生产环节。随着城市化进程加快，农村劳动力大量转移，导致目前用工成本高、生产效率低、移栽质量差，难以实现大面积移栽。因此，实现瓜菜移栽机械化已成为现代农业生产的迫切需要。

目前，国内已经研制开发出钳夹式、链夹式、挠性圆盘式、吊杯式、导苗管式等各型移栽机，但这些移栽机多停留在悬挂式作业水平，还需要配备相应的拖拉机才能进行田间作业，而且仅限于大片田块作业，无法满足设施大棚的作业要求。多功能蔬菜移栽机配备了美国百力通汽油发动机，可以一次完成打洞、投苗、移栽、覆土、镇压等作业，无论在平地还是在垄上均可以实现移栽，可适用于大棚蔬菜作物的移栽作业。

蔬菜移栽机主要适用于移栽钵体苗。整体分为底盘行走部分、移栽镇压部分。具体部件可分为投苗器、操控板、移栽齿轮箱、移栽器组件、镇压轮、后驱动轮、液压系统、苗箱组件、前机罩、发动机、前轮组件、行走齿轮箱 12 个部件。富来威蔬菜移栽机采用曲柄连杆机构带动鸭嘴式栽植器，结合变速传动、底盘高度液压调节等技术一次性完成打洞、投苗、移栽、覆土、镇压等环节。该机具可以根据农户需求实现株距 28～90 厘米的 12 挡可调。通过调节行走轮的轮心距，可以满足不同行距的作物移栽要求。通过液压升降控制系统，自由调节作物的栽植深度，最大栽植深度可以达到 18 厘米，且对膜的破坏程度小，移栽机后的覆土效果好。通过行距、株距及栽植深度的有效调节，蔬菜移栽机基本上可以解决大部分蔬菜的移栽问题。特殊的运动轨迹不但满足了机具“零点”投苗的要求，还保证秧苗栽植的直立度，

10个苗杯的投苗装置使整个机具喂苗、送苗稳定可靠。有效的栽植深度及覆土效果保证了秧苗的成活率。通过进行实地移栽作业效率测试对比，蔬菜移栽机平均1.63秒移栽一棵秧苗，在相同的移栽作业要求下，人工移栽的平均效率为36秒移栽一棵苗。所以，在相同条件下，采用蔬菜移栽机的作业效率是人工移栽作业效率的17倍。不但可以减少大量的用工成本，还可争抢农时，缩短移栽期，方便田间管理，并保证移栽秧苗株行距和移栽深度均匀一致，有利于作物成活和生长，促进高产。在设施西瓜、甜瓜生产中应用移栽机能显著提高设施农业生产机械化水平，有利于提高生产效率，缩短了农户工作时间。瓜农户选购移栽机，要根据配套的育苗钵进行育苗。

第十节　秸秆粉碎机

农作物秸秆是农作物产品收获后剩下的各类茎叶或藤蔓等废弃物，在国家没有出台强制性政策措施以前，农户为省事，普遍采用就地焚烧处理。然而，秸秆焚烧却带来不可忽视的危害，特别是秸秆焚烧所产生大量有毒物质，对环境造成极大破坏，引发雾霾天气，严重影响周边人畜身体健康。同时，秸秆焚烧造成地表微生物死亡，有机质、腐殖质被矿化，土壤生态系统严重破坏，引起板结；秸秆焚烧引发的交通安全及火灾事故等隐患也不容小视。目前，国家各省市都已出台政策法规，明令禁止露天秸秆焚烧。其实，通过一定处理，农作物秸秆完全可以实现生态综合循环利用，如制作有机肥料还田，加工成畜禽饲料、工业原料、生物质能源等，既保护了环境，又避免了浪费。

设施西瓜、甜瓜收获后，产生的藤蔓数量较多，人工拉秧清除，费工费时。利用秸秆粉碎机，可以较轻松地实现变废为宝，直接粉碎还田。秸秆粉碎机可用电机、柴油机或拖拉机配套，主机由喂入机构、铡切机构、抛送机构、传动机构、行走机构、防护装置和机架等部分组成。具有结构合理、移动方便、自动喂料、安全可靠等特点。由于瓜类藤蔓较软，水分较多，粉碎前需经一段时间闭棚晒干后，当水分含量降到一定程度，藤蔓变得较为干燥时处理为宜。农户应根据种植规模和藤蔓处理量选择合适的机型，一般小型秸秆粉碎机工作效率为300～400千克/小时。

图书在版编目（CIP）数据

南方设施西瓜、甜瓜轻简化生产技术/黄芸萍，张华峰，马二磊主编．—北京：中国农业出版社，2017.12（2019.6 重印）

ISBN 978-7-109-23491-8

Ⅰ.①南… Ⅱ.①南…②张…③马… Ⅲ.①西瓜－瓜果园艺－设施农业②甜瓜－瓜果园艺－设施农业 Ⅳ.①S651②S652

中国版本图书馆 CIP 数据核字（2017）第 267290 号

中国农业出版社出版
（北京市朝阳区麦子店街 18 号楼）
（邮政编码 100125）
责任编辑 冀 刚

中农印务有限公司印刷 新华书店北京发行所发行
2017 年 12 月第 1 版 2019 年 6 月北京第 2 次印刷

开本：850mm×1168mm 1/32 印张：4.25 插页：4
字数：220 千字
定价：30.00 元